石油物探计算机应用与软件开发

王宏琳 赵 波 罗国安 编著

石油工业出版社

内 容 提 要

本书讨论石油物探计算机应用与软件开发的重大课题，分为6章。第1章绪论，回顾国内外石油物探计算机应用和软件开发技术的发展历程和发展趋势，讨论计算机应用如何促进物探技术变革、物探软件和地球物理学科发展。第2章批量处理，介绍批量处理和软件模块化的一般概念，地震数据处理系统的基本组成，编程模型、执行模型和运行控制技术。第3章交互计算，介绍地震交互处理、交互成像和交互解释的基本概念，讨论插件框架和基于框架软件开发，以及可视化技术。第4章并行计算，介绍石油物探对高性能计算的需求，向量处理、并行计算、集群计算和GPU计算技术，地震并行处理模式和应用框架。第5章软件体系结构，介绍软件平台、软件集成平台和软件体系结构的基本概念，面向应用集成的软件体系结构模型，讨论物探软件体系结构问题。第6章智慧油气田，介绍从信息高速公路到数字油气田、智慧油气田的技术发展，涉及技术集成、智慧操作、智慧预测和智慧决策，以及智慧云数据中心的大数据平台和远程可视化等方面问题。

本书对于从事石油工业计算机应用和软件开发的工程师具有重要参考价值，也可作为计算机应用、地球探测科学和信息技术等相关专业的大学生和研究生参考。

图书在版编目（CIP）数据

石油物探计算机应用与软件开发／王宏琳等编著．
北京：石油工业出版社，2014.7
ISBN 978-7-5183-0187-4

Ⅰ．石…
Ⅱ．王…
Ⅲ．计算机应用—油气勘探—地球物理勘探
Ⅳ．P168.130.8-39

中国版本图书馆 CIP 数据核字（2014）第 098573 号

出版发行：石油工业出版社
　　　　　（北京安定门外安华里 2 区 1 号　100011）
　　　　网　　址：www.petropub.com.cn
　　　　编辑部：（010）64523533　发行部：（010）64523620
经　　销：全国新华书店
印　　刷：北京中石油彩色印刷有限责任公司

2014 年 7 月第 1 版　2014 年 7 月第 1 次印刷
787×1092 毫米　开本：1/16　印张：13
字数：240 千字

定价：98.00 元
（如出现印装质量问题，我社发行部负责调换）
版权所有，翻印必究

前　言

本书是基于油气勘探计算机软件国家工程研究中心多年软件开发实践撰写的。油气勘探计算机软件国家工程研究中心（即中国石油天然气集团公司东方地球物理勘探有限责任公司物探技术研究中心），其前身是1986年成立的石油地球物理勘探局研究院方法研究所和软件研究所，向前还可以追溯到1973年成立的燃料化学工业部六四六厂计算中心站方法程序研究室。几十年来，众多从事物探方法研究和软件开发的技术人员致力于发展国产地震处理解释软件，为探测和开发国民经济急需的油气资源提供先进的技术和软件工具。包括：20世纪70年代初的150工程；随后的数字地震勘探技术的引进、应用和发展；20世纪80年代银河工程和多阵列机多辅处理机并行处理系统的研发；20世纪90年代商品化的GRISYS地震数据处理系统和GRIStation地震解释系统的研发；特别是21世纪以来GeoEast地震数据处理解释一体化系统的研发。与此同时，研发队伍也不断壮大：20世纪70年代初派驻北京大学参加150工程的方法程序人员不足20人，如今的物探技术研究中心的员工超过300人，在东方地球物理勘探有限责任公司其他多个单位还有数以千计的从事地震采集、处理和解释计算机应用的专业技术人员和从事石油勘探与生产信息技术服务的工程技术人员。

本书重点讨论了石油物探计算机应用和软件开发中的批量处理、交互计算、并行计算和软件体系结构等问题，介绍国内外物探公司相关技术的发展历程和新进展，也简要讨论了若干计算机前沿技术的应用（如智慧油气田、大数据平台和远程可视化等）。正如书中指出的，"计算机应用促进了石油物探技术变革、物探软件技术进步和地球物理学科发展"。可以说，没有现代计算机应用技术的发展，就没有现代物探技术的发展。同时，石油物探领域也为计算机技术的应用和发展提供了广阔的空间。

本书的撰写和出版得到了东方地球物理勘探有限责任公司钱荣钧教授、《石油地球物理勘探》编辑部汪庭璋编审，以及油气勘探计算机软件国家工程研究中心祝宽海高级工程师和赵长海博士的支持与帮助。本书第6章智慧油气田部分的内容，受益于与东方地球物理勘探有限责任公司信息技术中心马涛总工程师的多次交流和讨论。在此对他们表示感谢。

作者简介

王宏琳

油气勘探计算机软件国家工程研究中心教授级高级工程师，中国石油天然气集团公司咨询中心专家委员会工程技术专家组专家，享受国务院政府特殊津贴专家。1963年本科毕业于同济大学应用数学专业，先后从事油田开发和石油物探计算机应用与软件开发。曾任中国石油集团地球物理勘探局副总工程师、华中理工大学和同济大学兼职教授。其科研成果获国家科技进步一等奖2项、三等奖1项，以及全国科学大会奖1项、全国科技信息系统优秀成果三等奖1项。1986年获全国优秀科技工作者称号和五一劳动奖章，同年被国家科委授予中青年有突出贡献专家称号，1996年获孙越崎能源大奖。

赵 波

油气勘探计算机软件国家工程研究中心教授级高级工程师，中国石油天然气集团公司专家，中国石油集团东方地球物理公司物探总监兼物探技术研究中心主任，享受国务院政府特殊津贴专家。1982年本科毕业于吉林大学物理系，1999年获成都理工学院物探专业博士学位。长期从事地震信号分析与处理方法研究、应用软件开发和技术管理工作。参与"超大型复杂油气地质目标地震资料处理解释系统"软件开发，其科研成果获2013年国家科技进步二等奖。

罗国安

油气勘探计算机软件国家工程研究中心教授级高级工程师，中国石油天然气集团公司专家，中国石油集团东方地球物理公司物探技术研究中心副主任。1982年本科毕业于复旦大学物理系物理学专业，2009年获中国石油大学地球勘探与信息技术专业博士学位。长期从事地震信号分析与处理方法研究、应用软件开发和技术管理工作。参与"超大型复杂油气地质目标地震资料处理解释系统"软件开发，其科研成果获2013年国家科技进步二等奖。

目 录

1 绪论 ··· 1
　1.1 石油物探与计算机 ··· 1
　1.2 国产物探软件发展历程 ··· 11
　1.3 物探软件技术变革 ··· 21
　1.4 小结 ·· 28

2 批量处理 ·· 29
　2.1 地震数据处理 ··· 29
　2.2 地震数据批量处理 ··· 32
　2.3 地震数据处理软件模块化 ·· 33
　2.4 一个简单的模块化地震处理系统 ··································· 37
　2.5 地震数据处理系统结构 ··· 41
　2.6 GeoEast地震数据处理解释一体化系统 ··························· 43
　2.7 地震批量处理运行控制技术 ··· 51
　2.8 地震数据组织 ··· 54
　2.9 小结 ·· 59

3 交互计算 ·· 61
　3.1 交互处理与成像 ·· 61
　3.2 交互处理和成像系统结构 ·· 65
　3.3 交互解释 ··· 70
　3.4 插件架构与基于框架软件开发 ······································ 76
　3.5 三维可视化与体透视技术 ·· 84
　3.6 小结 ·· 91

4 并行计算 92

4.1 石油物探高性能计算 92
4.2 向量处理 97
4.3 并行计算 105
4.4 集群计算 111
4.5 地震数据并行处理模式与应用框架 117
4.6 地震成像并行计算几例 132
4.7 小结 139

5 软件体系结构 141

5.1 软件平台概念 141
5.2 软件集成平台 144
5.3 软件体系结构 149
5.4 物探软件体系结构设计问题讨论 159
5.5 组合多式样异构体系结构 164
5.6 小结 166

6 智慧油气田 167

6.1 从信息高速公路到智慧油气田 167
6.2 数字油气田技术集成 170
6.3 智慧油气田 177
6.4 智慧云数据中心 185
6.5 知识集成 195
6.6 小结 199

绪 论

1.1 石油物探与计算机

1.1.1 石油物探数字化革命

石油和天然气资源是现代工业文明的重要基础。当前油气资源勘探的最重要方法是地球物理勘探，简称石油物探。在英文、法文和俄文中，"地球物理"分别是"Geophysics"、"Géophysique"和"Геофизика"，均是由"地质学"和"物理学"组成的合成词。顾名思义，地球物理方法是用于解决地质问题的物理方法，是通过间接测量获得一些地下地层的物理参数，了解和研究地质构造或岩层性质。

在油气勘探与生产应用中，地震勘探是一种利用回声定位的物探技术，在概念上有些类似声呐和医学超声波❶，其目标是获得地球的地下图像、地层构造和岩石性质，故有人形象地比喻为给地球做CT。图1-1是陆地地震勘探数据采集示意图：炮点震源用于产生冲击波，检波器用于接收岩层反射的能量，并通过电缆传输到记录仪器车，记录存储在磁带或磁盘上。石油地震勘探方法源于第一次世界大战期间用以确定敌方炮兵位置的方法。当时美国标准局曾经组织开发了声波

---

❶ 2001年7月22—26日，在美国加里福尼亚的Newport Beach，曾经举办七个半天的"地球物理、医学和空间成像"研讨班。卫星雷达、光学成像、医学成像（包括核磁共振、X射线和超声波成像），与地震成像面临类似的问题。例如：(1)散射理论用于三个领域的成像处理（当然对数据和信号强度要求不同）。(2)四维地震勘探涉及的重复或时间延迟研究，可以从时间延迟医学成像中获得有益的经验。地球物理、医学和空间成像三个领域的区别为：(1)利用不同类型波在不同类型介质成像：地震弹性波通过的介质非常复杂；医学不同形态的波如声波、X射线和核磁共振，穿过的三维介质相比较而言一般不如地震成像复杂，而且界面较平滑；空间成像则利用不同频率范围的电磁谱，是对地球或其他星球体的较浅的地下成像。(2)观测系统区别很大：对于地面地震，震源和检波器被限制位于需要获得内部图像的材料的表面，通过反射成像；医学成像大部分通过透射而不是反射(超声波除外)来成像；空间成像的源和接收器，与成像表面的距离远。(3)实时性不同，医学成像实时最重要。(4)在对于计算机能力的要求方面，地震成像比其他两个应用领域高。

测距装置,用在欧洲战场寻找敌方发炮位置——炮弹发射的空气载声经过声波测距装置的麦克风阵列,空气波到达时间的电信号被传到中心站,从麦克风阵列记录的时间差可以确定声源位置。声波测距试验和系统极大影响了反射地震学的诞生。在1918—1919年间开始试验将这项创新技术用于石油勘探。1924年E.D.Golyer利用单次覆盖地震资料,发现了第一个油田。但是,直到20世纪50年代,勘探工作仍然主要依据地表露头资料和未经处理的记录在光敏纸带上的地震勘探资料。

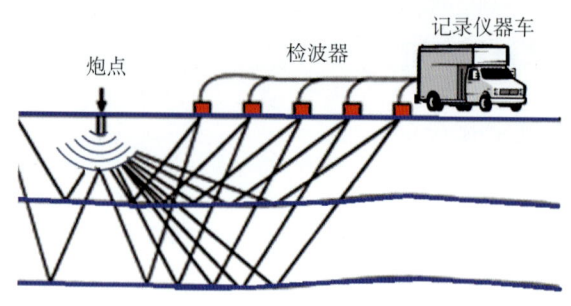

图1-1 地震勘探示意图

20世纪50年代初期,在地震勘探中开始利用模拟磁带记录系统代替纸带记录系统。这使得原始记录可以多次回放,从而可利用多种数据处理方法压制噪声和增强信号。但是,那时大多数靠手工整理记录和手工绘图。在数字地震技术提出之前,石油地震勘探采用的模拟磁带记录技术存在很多不足,例如:(1)模拟磁带记录的动态范围小,不能够满足研究地震波的动力学特性要求;(2)模拟记录磁带经多次回放转录后信噪比会大幅度降低;(3)用模拟机对地震记录进行滤波处理精度很低,无法进行复杂的计算工作等。

应用数字计算机处理地震勘探数据的最初尝试可追溯到20世纪50年代初,MIT(麻省理工学院)数学系的研究人员在乔治·瓦德沃兹教授领导下,把著名数学家和控制论专家罗伯特·维纳(Norbert Wiener)的时间序列分析理论,用于石油地震勘探研究。使用的Whirl Wind(旋风)计算机是当时世界上最快的计算机,但那只是一台裸机,要直接使用机器指令(加、减、乘、移位、读、写、传送、条件转移、停机及逻辑操作)写程序,所有地址和操作均用八进制编码,且所有地址均是绝对地址。内存仅1024个16位的字,即2KB容量。没有浮点操作指令,也没有整数除法指令。用纸带作输入设备,没有绘图仪。就在这样环境下,MIT的地球物理分析小组完成了其第一批程序。罗伯特·维纳和MIT地球物理分析小组（GAG）的探索性研究，以及斯文·特雷特尔（Sven Treitel）和恩德·罗宾逊（Enders Robinson）的开创性工作，形成了数据处理的初步框架，包括带通滤波、层状地下模型和预测误差滤波。这些数学工具，成为以后所有地震数据处理系统的基础。GAG每天用机一小时为Mobil等石油公司处理资料（当时是世界上最大的计算机用户之一），将地震反射的模拟信号转化为数字信号，进行滤波和去假频，增强有效信号，可谓地震勘探数字革命的先驱。这项工作的意义正像三十多年后美国的一个正式国家委员会所指出的[1]："维纳的经典数学论著《平稳随机序列的外推、内插和光顺》标志着一个新时代的开始……例如，由于应用维纳和列文逊的理论设计出了过滤噪声和识别地震信息的设备，于是，产生了当今规模宏大的石油勘探工业。信息处理技术已经在勘探地球物理中产生了重要作用。"

1952年，WesternGeo(WesternGeco的前身)研究部门开始用计算机进行反褶积方法研究。1956年，油气勘探公司开始对经过模数转换的模拟磁带记录的数据，利用计算机进行滤波、叠加及绘制剖面图。同年有人建议在野外采集地震数据时，采用数字记录形式。但是，由于技术上的问题，直到1963年才出现地震数字记录系统。这是石油勘探技术发展的重要一步：不仅使得记录的范围大为扩大，更重要的是为促进计算机数据处理技术的发展打下了基础。

20世纪60年代中至70年代初，在采用数字地震记录仪器和发展了数字地震勘探技术之后，引发了石油物探数字化革命，计算机数据处理真正开始成为油气勘探中不可缺少的环节。20世纪60年代中期，油气勘探公司开始从模拟记录技术转向数字记录技术。石油物探数字化革命收到了明显的经济效果。随着石油勘探程度的发展，为了获得一个有意义的发现，需要钻初探井（野猫井）。从20世纪40年代到60年代中期，初探井数目一直在增加。尽管在20世纪50年代中期以后发明了磁带模拟记录技术，且CDP（共深度点）技术有了显著进步，但也未能够扭转这一趋向。一直到20世纪60年代后期，由于数字地震技术及计算机的应用，发展了反褶积、直接碳氢化合物指示（DHI），以及三维（3D）地震勘探方法等，才减缓和扭转了这个趋向（图1-2）。地震数据采集、处理和解释，已经成为油气田勘探的主要手段（图1-3），其中包括：20世纪70年代三维地震，80年代交互计算技术，90年代的叠前处理技术（叠前时间成像、属性计算、岩石物理、可视化等），21世纪初出现了更先进的技术（叠前深度成像、集群计算等）。而高精度地震成像成为油气勘探最重要的技术工具❶[2]。地震勘探学界近10年来最为重要的研究成果之一是多分量地震勘探技术，这也是地震勘探技术的发展方向，要求建立多分量地震采集设计、监控、处理、解释和反演一体化模式和软件系统[3]。

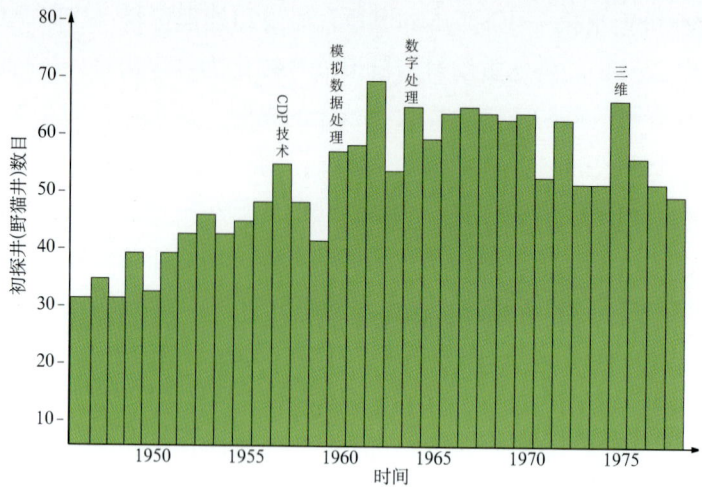

图1-2　重要油气发现需要钻初探井（野猫井）数目

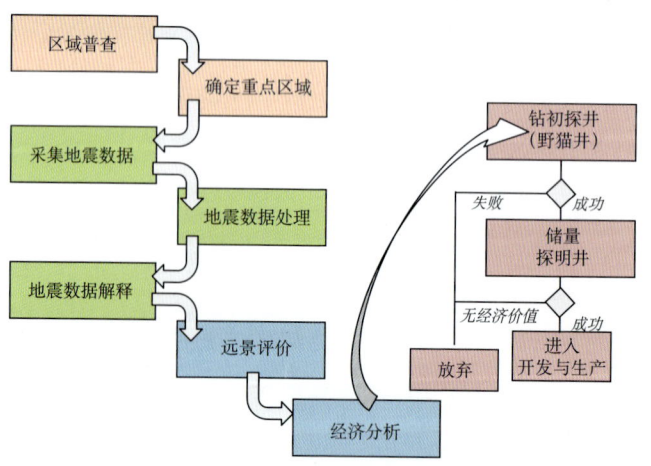

图1-3　油气田勘探基本流程❷

---

❶ 20世纪90年代中期，按照美国能源部的要求，NPC(National Petroleum Council)针对石油工业中短期(至1999年)、长期(至2010年)的"技术需求"向主要油气公司、其他综合油气公司、独立公司和服务公司进行过调查，结果排在首位的都是"高精度深度成像"。NPC勘探技术长期需求的排序结果如下：高精度深度成像、三维AVO、三维可视化和特殊地震处理。

❷ 参考Fred W. Schroeder, Geology and Geophysics Applied to Industry, http：//www.aapg.org/slide-resources/schroeder/。

1.1.2 石油物探技术历史与计算机技术历史不可分割

美国Tulsa大学Chris Liner教授曾经指出,地球物理的历史与计算机技术的历史是不可分割的[4]。计算机应用促进了石油物探技术变革、物探软件技术进步和地球物理学科发展。

1.1.2.1 计算机应用促进石油物探工作方式变革

石油物探数字化革命促使了石油物探本身工作方式的变革。在数字化革命以前,地震处理和解释工作大多在野外采集现场进行,由于计算机中心的出现,处理和解释工作明显分离(图1-4)。20世纪80年代开始采用计算机工作站进行地震数据解释。随着计算机网络和一体化软件的发展,地震数据处理解释日益呈现重新一体化的趋势,并将向E&P(勘探与生产)应用集成发展。

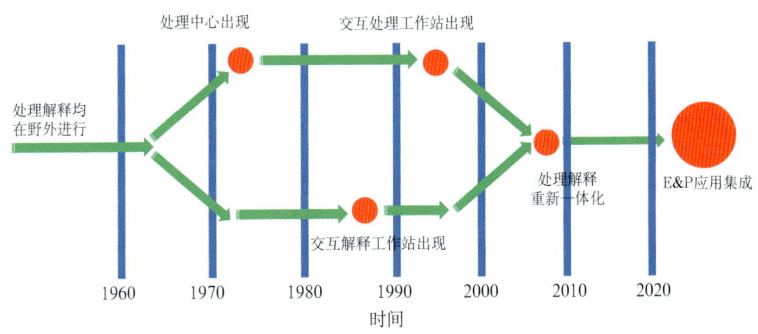

图1-4 地震处理解释工作方式的变革

1.1.2.2 计算机技术变革促进物探软件发展

现代地震勘探方法主要建立在地震波理论、岩石物理、数学科学和计算技术的基础上。计算机的应用无疑是影响油气勘探,特别是地震勘探的最重要事件之一。现代地震勘测可能覆盖数千平方公里和投入数千万元进行数据的采集、处理和解释。在处理过程中,需要利用精细的信号处理和成像技术,以便降低波在复杂的地质环境中传播引入的噪声和畸变。将这些数据转化为可解释的形式需要几周甚至几月的计算机处理时间。发展更复杂的算法和处理更大量的数据,也就需要更多计算机能力、更灵活的组织和存储大量数据的方法,以及更先进的组织和控制处理流程的技术——这些均是对软件开发的巨大挑战。有研究者指出[5],"地球物理软件技术发展表现出先进性、开放性、一体化、自由化、网络化、并行化、可视化、标准化、智能化、普及化等特征"。

众所周知，摩尔（Moore）定律称：集成电路上可容纳的晶体管数目，约每隔18个月便会增加一倍，性能也将提升一倍。对于油气勘探应用计算机的一个类似的预测，是由西方地球物理公司的萨维特（Carl Savit）做出的[6]：地震对计算机能力的需求，每2.7年提高一个数量级。也就是说，地震对计算机能力的需求增长，远高于摩尔定律的计算机能力增长（图1-5）。实际上，早在1975年地震对计算机能力的需求，就已经超过了商业计算机能够提供的能力。所以从20世纪70年代以来，为了解决商业计算机能力不足的问题，曾经探索过采用各种加速计算的技术。图1-6表示在过去半个世纪间，国际上地球物理计算机经历的五次重大变革。

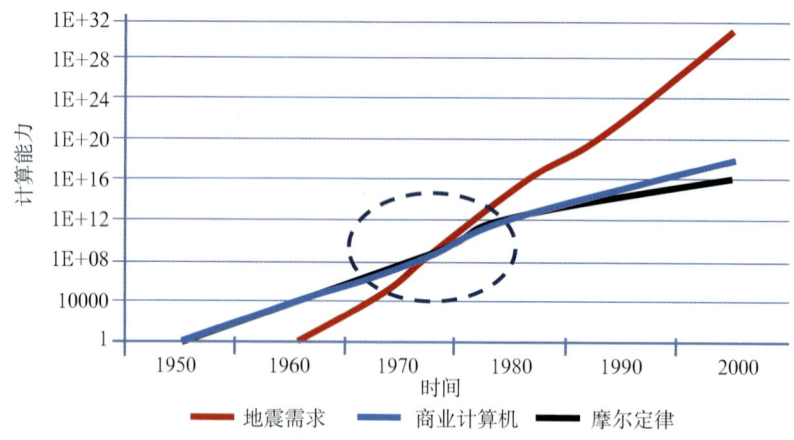

图1-5　地震对计算机能力的需求超过摩尔定律[6]

(1)20世纪70年代——主机+数组处理机。数组处理机是一种外部向量协处理器，可以对数组进行操作，包括地震数据处理中常用的相关、褶积和FFT。典型代表是IBM公司应西方地球物理公司要求开发的IBM 2938数组处理机（1969年）和IBM 3838数组处理机（1974年），以及FPS公司的AP-120B数组处理机（1975年）。主机系统附加数组处理机后，价格只增加十分之一，而处理地震数据的性能提高四倍以上。

(2)20世纪80年代——向量计算机。向量计算机以流水处理为主要特征，可对数据成批地进行同样的运算。典型代表是Cray-XMP（1982年），Cray-YMP（1988年），IBM3090（1985年），以及中国的YH-1银河巨型机（1983年）。

(3)20世纪90年代——工作站和并行计算机。将交互处理与批量处理集成起来在UNIX工作站和并行计算机上运行。工作站使用RISC（精简指令计算机）技术，典型代表是DEC公司的DECstation 3100（1989），IBM公司的RISC System/6000（1990）。并行计算机代表是IBM Scalable Power PARALLEL 2（1994），Convex SPP-1000（1994），SGI Origin 2000（1996）。

(4)21世纪初年代——集群计算机（Cluster）。PC集群是由PC构成的一种松散耦合的计算节点集合。PC集群计算机的例子是曙光3000和曙光4000L。

(5)21世纪10年代——多核CPU和GPU集群计算机。PC集群的CPU核在不断增加，同时利用具有更多核的GPU加速器。GPU（图形处理器）具有管理复杂场景的策略和高级图像强大处理能力，现在被用于科学和工程计算密集型程序中，包括地震数据处理和成像。

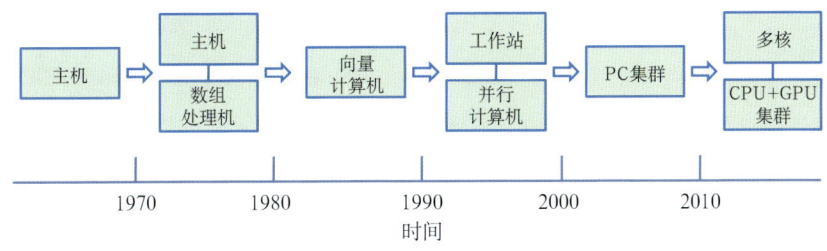

图1-6　地震数据处理计算机发展历程

　　计算技术的发展，推动了地震数据处理技术特别是地震成像技术的不断发展（图1-7）：20世纪60年代，计算机只能够进行简单的地震道计算；20世纪70年代出现数组处理机（也称为褶积器或阵列处理机），大大提升了褶积等运算效率，并可以进行二维叠后地震成像；20世纪80年代的向量处理机，可以实现二维叠前地震成像，以及处理三维数据；20世纪90年代的大规模并行机，能够实现三维叠后地震成像，三维DMO，并开始试用三维叠前地震偏移；进入21世纪，广泛利用高性能价格比的集群计算机和GPU技术，能够实现三维Kirchhoff叠前偏移甚至逆时偏移。未来地震成像、解释和地震反演对于高性能计算将提出更高的要求。随着计算机性能的提升，三维弹性波动方程偏移、全波形反演，以及多分量成像技术将得到广泛的应用。

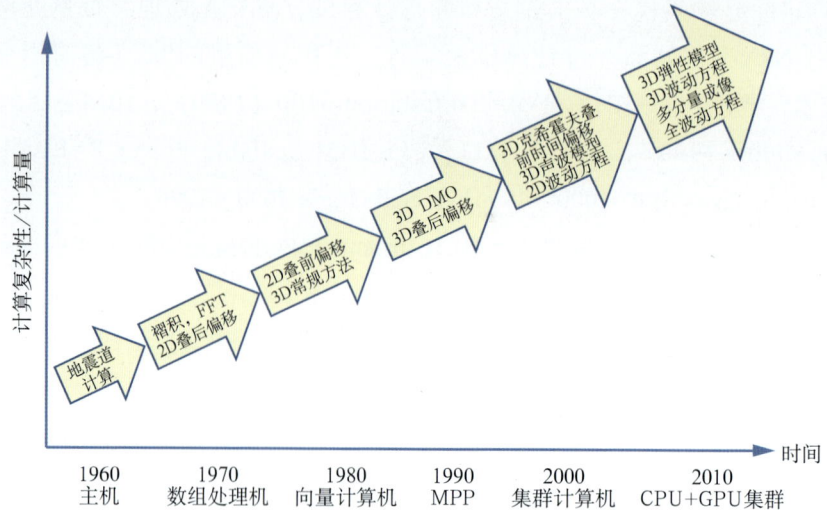

图1-7 地震数据处理算法的复杂性随计算机技术的发展

计算机技术的变革促进了物探软件的发展。1964年WesternGeo同IBM公司合作，在IBM7090计算机上发展地震数据处理软件。这套软件用FORTRAN语言写成。随后的二十多年间，先后在IBM360系列、IBM370系列、IBM3033计算机、IBM33081计算机和IBM3090计算机上发展了300多个模块和2000多个子程序。其他国家也开始发展地震处理软件，其中包括法国和中国。

表1-1以法国CGG和中国BGP为例，综述国内外计算机应用与地震处理软件发展历程中若干事件。

表1-1 BGP和CGG Veritas计算机应用与软件开发发展历程

年代（计算机变革）	CGG	BGP （东方地球物理勘探有限责任公司）
20世纪60—70年代 （主机→主机+数组处理机）	1966年：CGG建立第一个处理中心，使用SDS9300计算机； 1972年：开发GeoMaster软件	1973年：建立第一个处理中心，使用150计算机； 1977年：引进Cyber172-4机+MAP II
20世纪80年代 （主机+数组处理机→向量计算机）	1980年：DIGICON开发DISCO处理系统运行在DEC VAX 11/780上； 1984年：CGG GeoVecteur（CRAY批量处理版本）软件安装在当时最大计算机Cray 1S上； 1988年：DIGICON开始研究MPP（大规模并行处理），并开发新的处理系统SeismicTANGO替代DISCO	1983年：引进IBM3033+3838； 1986年：建立YH-1巨型机地震数据处理系统； 1987年：开发PE3284+AP2704多数组处理机多辅处理机地震数据处理系统； 1987年：引进IBM3081+3838

续表

年代（计算机变革）	CGG	BGP （东方地球物理勘探有限责任公司）
20世纪90年代 （向量计算机→工作站和并行计算机）	1991年：CGG GeoVecteurPlus将批量和交互处理集成在UNIX平台上运行； 1994年：CGG并行GeoVecteur运行在Convex SPP1000上； 1996年：CGG GeoVecteur支持IBM，SGI，SUN和HP平台	1991年：引进IBM3084+3838； 1992年：GRISYS在UNIX平台上运行； 1995年：引进IBM SP2并行机
21世纪初 （工作站和并行计算机→集群计算机）	2001年：GeoCluster在PC集群上运行； 2002年：GeoCluster1.1全面取代了GeoVecteurPlus； 2003年：GeoCluster2.1全部软件可以在PC集群上运行	2001年：安装曙光3000（EP460）地震数据处理系统； 2003年：安装曙光4000L集群地震数据处理系统； 2005年：GeoEast系统在PC集群上运行
21世纪10年代 （集群计算机→多核CPU和GPU集群计算机）	2013年 GeoVation2013提供了处理需求较完整解决方案	2013年 GeoEast 2.6提供了处理需求较完整解决方案

  CGG在1966年建立第一个处理中心，从那时以来，CGG先后开发了GeoMaster(1972年)、GeoVecteur(1984年)、GeoVecteurPlus(1991年)、并行GeoVecteur(1994年)、GeoCluster(2001年)和GeoVation(2010年)。CGG在2000年启动GeoCluster，所有软件支持Linux，优化用于Cluster架构。几年间，CGG世界范围地震数据处理网络计算能力迅速提升（2002年为15Tflop/s，2004年为40Tflop/s，2005年为65Tflop/s，2006年超过150Tflop/s，2013年达到12Pflop/s❶）。GeoVation是CGG公司新一代二维/三维/四维地震数据处理系统，集成了原CGG公司的

---

 ❶ 在表示计算能力常用KFLOPS、MFLOPS、GFLOPS、TFLOPS等，或Kflop/s、Mflop/s、Gflop/s、Tflop/s等，其中最后面的s是"秒"的意思，FLOPS或flop/s是"每秒浮点操作"的意思。表示计算机存储能力常用KB、MB、GB、TB等，其中最后面的B是"字节"的意思。最前面的K，M，G，T等是常数：

  K（kilo）表示2^{10} = 1,024
  M（mega）表示2^{20} = 1,048,576
  G（giga）表示2^{30} = 1,073,741,824
  T（tera）表示2^{40} = 1,099,511,627,776
  P（peta）表示2^{50} = 1,125,899,906,842,624
  E（exa）表示2^{60} = 1,152,921,504,606,846,976
  Z（zetta）表示2^{70} = 1,180,591,620,717,411,303,424
  Y（yotta）表示2^{80} = 1,208,925,819,614,629,174,706,176

GeoCluster处理系统和原Veritas公司(该公司1996年由Veritas和Digicon合并而成，2007年与CGG公司合并)的VEGA，TANGO等地震数据处理系统的功能，包括超过450个批处理模块和一系列的交互处理软件，覆盖了时间域、深度域、宽方位、各向异性、岩性处理的各个方面，广泛应用于海洋、陆地和过渡带的地震数据处理。最新的GeoVation2013的软件工具提供了处理需求的较完整的解决方案，包括全波形反演、逆时偏移等工具、真三维宽方位处理技术系列、去除多次波技术系列。2014年2月，CGG推出了GeoSoftware软件系列产品，包含了Hampson-Russell和Jason的岩石物理、先进的地球物理解释和地震油藏描述，以及TerraSpark的Insight Earth三维解释技术。

BGP在1973年建立第一个处理中心，开发了150计算机地震数据处理系统，后来在不同阶段也发展了一系列软件系统[7]：银河向量巨型机地震处理系统（1986年）、多数组处理机多辅处理机并行处理系统（1987年）、GRISYS系统（1992年）和GeoEast系统（2005年）❶。BGP的GeoEast系统提供了地震处理和解释需求的较完整的解决方案。有关BGP地震处理软件系统发展历程，将在本章1.2节进一步介绍。

1.1.2.3　计算机应用促进地球物理学科发展

与许多科学学科发展一样，过去几十年间计算机应用变革了地球物理学科研究方式❷，拓展了地球物理应用领域。以前，在油田投入生产前，地球物理活动即结束——随着开发井的完钻，勘探团队即被分散到新项目。由于现有油田老化和油价波动，促使在油田开发和生产过程中增加地球物理应用。石油工业认识到需要提高油藏分布和油水路径的精细描述能力，准确预测剩余油相对富集区，以便

---

❶ 150计算机地震勘探数据处理方法和程序获1978年全国科学大会奖。数字地震勘探技术的应用和发展(含150计算机和Cyber计算机软件的研究和发展)获1985年国家科技进步一等奖。银河地震数据处理系统获1987年国家科技进步一等奖。PE3284多阵列机多辅处理机地震资料并行处理系统获中国石油天然气总公司1992年科技进步一等奖。GRISYS地震数据处理系统获1995年国家科技进步三等奖。GeoEast超大型复杂油气地质目标地震资料处理解释系统及重大成效获2013年国家科技进步二等奖。

❷ 科学和技术的历史可以分为几个时代。早期科学时代开始于实验科学。几百年前科学的理论分支初露端倪，诞生了如牛顿的运动定律、开普勒行星运动定律和麦克斯韦的电动力学、光学和电气电路的理论。过去几十年是计算科学时代，快速的计算机提供了在计算流体动力学、气象和气候、航空航天和油气储层模拟等方面模拟和建模，这只是几例。根据许多科学家的看法，我们现在进入了"e-科学"或数据密集型科学新时代，可以从物理现象或模拟收集大量的数据，基于这些数据生成模拟和构建新的模型。

提高采收率,从而促使在生产过程中增加了地球物理的应用。所有这些都离不开地球物理计算机应用。

地球物理技术的发展,已经从勘探地球物理(Exploration Geophysics),扩展到开发地球物理(Development Geophysics)和生产地球物理(Production Geophysics)。勘探地球物理被用于发现复杂的油藏目标和进行油藏评价,估算油气资源和布井,预测孔隙压力、裂缝梯度、岩性和孔隙流体等。油田的开发阶段涵盖从数据收集到随后项目投资效益评价,涉及了油田开发规划、初始生产井位置和设施设计,以及基本建设和油田生产的准备工作等。地球物理已经变成油田生产活动的整体组成部分。地球物理数据被用于解决油田的特殊问题,监督饱和度和压力变化,以及建立和校正油藏模型。

1.2 国产物探软件发展历程

中国石油工业计算机应用始于1963年(最早应用在油田开发研究领域)。第一套地震数据处理软件系统诞生于1973年(150计算机地震处理系统)。从中国第一套地震数据处理程序系统面世以来,国产物探软件已经历了40多年的发展历程。以BGP(东方地球物理勘探有限责任公司)为例,其软件发展的重要里程碑有:20世纪70年代初的150计算机地震处理软件开发、20世纪70年代末80年代初的技术引进软件研究和发展、20世纪80年代的银河工程(银河巨型计算机地震数据处理软件开发)、20世纪80年代末90年代初的GRISYS处理系统和GRIStation解释系统软件开发、21世纪初的GeoEast地震处理解释一体化系统软件开发。除了BGP以外,国内其他地球物理公司和研究机构也在研发地震处理解释软件,如中国石化石油物探技术研究院、中国石化胜利油田物探研究院、中国石油集团川庆钻探工程有限公司、中国石油勘探开发研究院及其西北分院等。

1.2.1 150工程——国产第一套地震处理程序系统

1969年10月,国务院正式批准由北京大学、电子工业部和石油工业部联合研制面向石油勘探的大型电子计算机,即150计算机(DJS-11)。在其后三年多的时间内完成了从集成电路到计算机硬件、软件系统和应用软件的研制。这个科技项目通常被称为150工程。1973年10月11日,150计算机在石油工业部646厂(石油物探局即BGP的前身）安装调试验收完成(图1-8a)。当时石油工业部646厂在150计算机上开发了三套软件：程序A——用于考核计算机的程序（计算量非常大的理论记录偏移程序）；程序B——模拟记录模数转换简单水平叠加处理程序，在150计算机安装验收后即投产；程序C——中国第一套地震数字处理程序系统[8]。程序C包含了18种常用的地震数据处理方法，采用主机和外部设备并行工作方式（即在"中央处理机"对地震道进行处理的同时，"交换器"控制磁带机输入下一个地震道）。1974年4月2日，用程序C处理的中国第一条数字地震剖面，被誉为"争气剖面"。

150计算机地震数字处理程序是用机器语言编写的，直接操作存储器、寄存器和变址器等硬件部件。由于是国内第一次开发地震软件，在计算机如何实现数据解编、动校正、静校正、叠加、动平衡、速度谱等，需要一一摸索，几乎没有任何可供参考的资料。甚至于野外数字地震仪器（当时在一艘引进的旧的地震勘探船上，有数字地震仪器）磁带记录的数据格式，也缺少有关说明书，只能靠用行式打印机以八进制代码形式打印出磁带上记录的内容，通过分析猜测其记录的格式（如浮点增益、辅助道、同步信号等信息）。这套程序设计有许多创新，例如：磁带数据输入与处理计算并行操作、根据150机的特点实现各种信号处理快速算法、利用行式打印机输出速度谱等。当时法国地球物理专家见到150机处理的剖面后曾经惊异不已——中国居然能够掌握这样的前沿技术进行地震数字处理[9]。

图1-9给出了150计算机程序B和程序C的工作方式。程序B采用主机和外部设备串行工作方式（图1-9a）：在某一时刻，只有一个部件在工作（主机工作时外部设备等待，外部设备工作时主机等待）。由于计算机内存限制，同时只能够运行单道作业，这样的工作方式不能充分发挥计算机的效率。程序C采用主机和外部设备并行工作方式（图1-9b）（主机、磁带机、显示仪并行工作方式）：在某个时刻可以有两个部件同时工作。并行工作方式与串行工作相比，主机减少了等待时间，使用效率提高了。根据150计算机海上数据处理实践，水平叠加处理基本可以提高效率40%左右。表1-2是两种工作方式下输入12张48道4ms采样记录，经过振幅控制、自动初至波切除、水平叠加、递归滤波、分段缩放等处理手段，得到24道24次覆盖输出所需要的机器时间比较。可以看出，并行工作比较串行工作大大提高了机器利用率。

a

b

c

图1-8　BGP的150计算机（a），银河计算机（b）和曙光计算机（c）

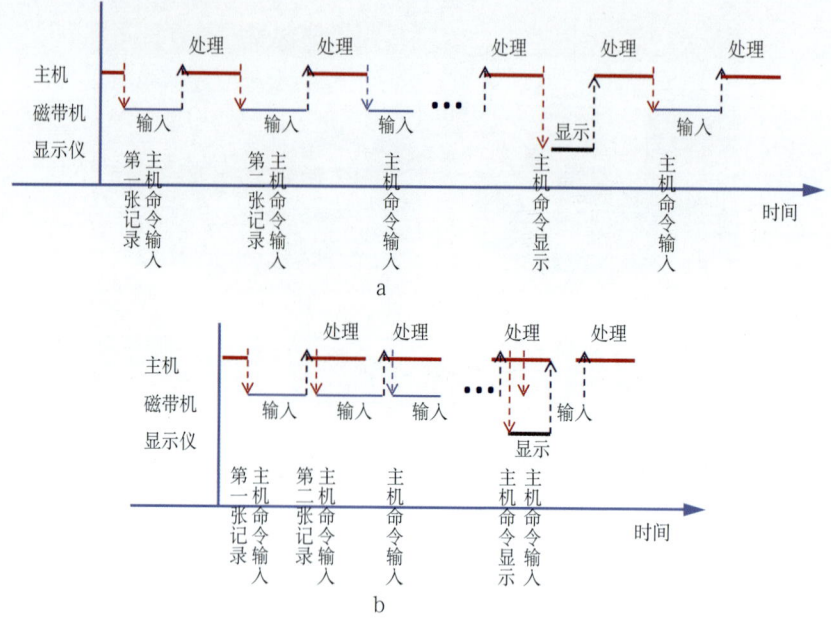

图1-9 主机和外部设备工作方式示意图
a—主机与外部设备串行工作；b—主机与外部设备并行工作

表1-2 计算与输入/输出串行和并行工作时间比较

	串行工作	并行工作
主机工作时间	2min05s	2min05s
主机等待外部设备时间	1min20s	12s
整机时间	3min25s	2min17s

150工程在中国计算机技术发展历史上及石油地球物理计算机应用的发展历程中，具有重要地位❶。150工程促进了中国地震勘探数字化，主要表现在地震数字采集日益普及，地震数据处理中心不断涌现，地震数据解释也开始应用计算机。

---

❶ 国家媒体曾经对150工程做过报道，这里列举几例：(1)1973年8月中央新闻电影制片厂拍摄的《伟大祖国欣欣向荣》记录片，报道了中国第一台百万次电子计算机研制成功的科技新闻，拍摄地点在石油部646厂计算中心站（河北徐水）。(2) 1973年8月27日，《人民日报》头版刊登了中国第一台每秒运算百万次的集成电路电子计算机试制成功的消息。(3)在北京中华世纪坛"青铜甬道"上距今300万年前人类出现到公元2000年的时间纪年，也镌刻了1973年中国第一台每秒运算百万次的集成电路电子计算机研制成功。(4)2009年10月3日，新华社向海内外播发了中共中央党史研究室编写的《中华人民共和国大事记》。《中华人民共和国大事记》记述了新中国成立60年来的发展历程，反映了所取得的辉煌成就。《中华人民共和国大事记》记载了与计算机技术有关的两则大事，其中一则是1973年8月26日中国第一台每秒钟运算100万次的集成电路电子计算机试制成功。这台计算机就是指150计算机。

150计算机在物探局(原BGP)运行了10年,共处理了$14×10^4$km的地震勘探资料。地震处理软件技术也不断发展,为中国油气勘探做出了重要的贡献。山东商河西油田是利用这台国产计算机进行数字处理的典型实例。在该项目中,以地质任务带动应用软件研制,逐步完善了有关数字处理软件。后来,根据处理的结果,钻了24口探井,两年多时间获得了53km^{2}的含油面积,其效果比地质条件类似的相邻地区(未采用数字处理技术)要好得多(后者钻了133口探井,十多年时间只获得31km^{2}含油面积)。

1.2.2 引进软件的研究与发展

鉴于150工程的成功,当时石油工业部领导决定进一步推进地震勘探数字化,并开始从国外引进数字地震仪和计算机数字处理技术。

中国最早引进用于地震处理的小型计算机是Ratheon计算机(1975年),最早引进的两种用于地震处理的大型计算机是Cyber172-4计算机(1977年,图1-10a)和IBM3033计算机(1983年,图1-10b)。计算机的引进曾经受到西方国家的限制,例如,限制Cyber172-4的阵列机的性能发挥、控制IBM3033计算机的使用,而且IBM3033和后来引进的IBM3084均是IBM公司当时在美国宣布"撤回"的产品❶。但是,当时计算机及配套处理软件的引进确实促进了中国地震勘探数字化,使得中国在引进技术的基础上通过消化、吸收、再创新,促进了国内物探方法研究和软件技术的发展。以Cyber172-4计算机地震软件研究与发展为例,共完成了130多个新模块和服务性程序开发,不仅增强了系统功能,也提升了系统性能[10]。如地震数据磁带输入效率提高了30%,数组处理机计算效率提高了10%~40%。同时还促进一批新方法研究,如马在田院士的高阶有限差分偏移[11]就是在引进的Cyber172-4计算机上实现的。CYBER计算机和IBM计算机,在相当长时间里成为石油物探局处理中心的主力计算机。同时,由于西方国家对数组处理机(也称阵列机)出口的限制,石油物探局研究院软件所将引进的PE3284计算机连接上国产阵列机,成功地构成多辅处理机多阵列机处理系统,在7个油田得到了应用。

---

❶ IBM3033计算机在美国1977年3月25日推出,1982年9月3日撤回,中国1983年引进;IBM3084计算机在美国1982年9月3日推出,1987年8月4日撤回,中国1991年引进。

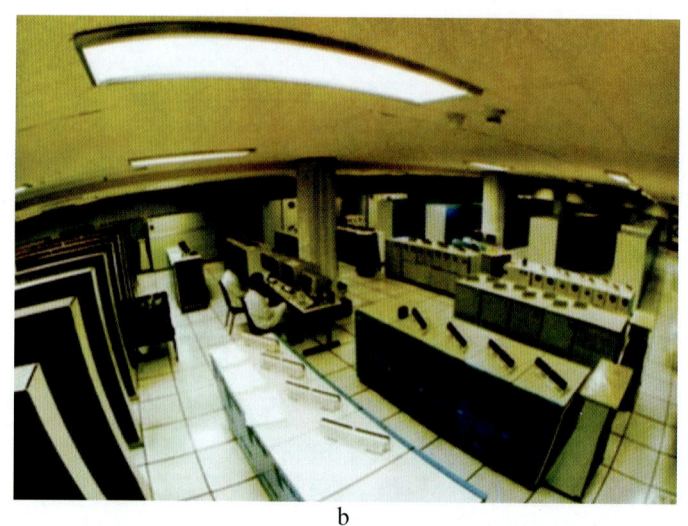

图1-10　BGP引进的Cyber172-4计算机（a）和IBM3033计算机（b）

引进的大型计算机系统中的数组处理机(如Cyber172系统的MAP II)对于提升地震处理能力有重要意义。一台通用电子计算机若增设了数组处理机，其数据处理效率成倍提高，而成本只增加百分之十左右。根据石油物探局研究院统计，在Cyber172计算机上安装了MAP II数组处理机后，常规处理效率成倍提高。有的模块处理效率提高近10倍。表1-3是计算机自动统计获得的。

表 1-3　Cyber172 系统若干地震处理模块运行时间统计

模块名称	不使用MAP II时 CPU时间（ms）	使用MAP II	
		CPU时间（ms）	MAP II时间（ms）
滤波	533	21	44
反褶积	579	41	66
蒸汽枪反褶积	571	14	34
自动静校正	1015	180	73
相干加强	10332	349	1059

石油物探局最早引进的地震解释软件是DISCOVERY（1984年）和SIDIS（1986年），特别是1989年引进了Landmark系统（7套）和GeoQuest系统（5套）后，有效提高了地震数据解释能力和技术水平。

1.2.3　银河工程——国产巨型机地震处理系统

在1982—1986年间研制银河巨型机地震数据处理软件系统的过程见图1-11。银河机（YH-1）是一种当时非常先进的向量计算机(图1-8b)。向量计算机具有很高的向量处理能力，是以流水线结构为主的并行处理计算机。银河地震数据处理系统研制了地震操作系统和126个应用功能模块。由于银河机的数据输入输出能力有限使得一些计算量大的模块在银河机运行效率非常高，而一些输入输出操作多的模块则效率比较低，于是，银河地震处理系统中开发了"分布式处理管理程序"[12]，实现了异型机连接，能够将一个地震处理作业的不同模块，自动分布到银河主机和前端机（Cyber730）执行，计算量大的模块（如偏移等）在银河机运行，而输入输出操作多的模块（如绘图显示等）在前端机运行。

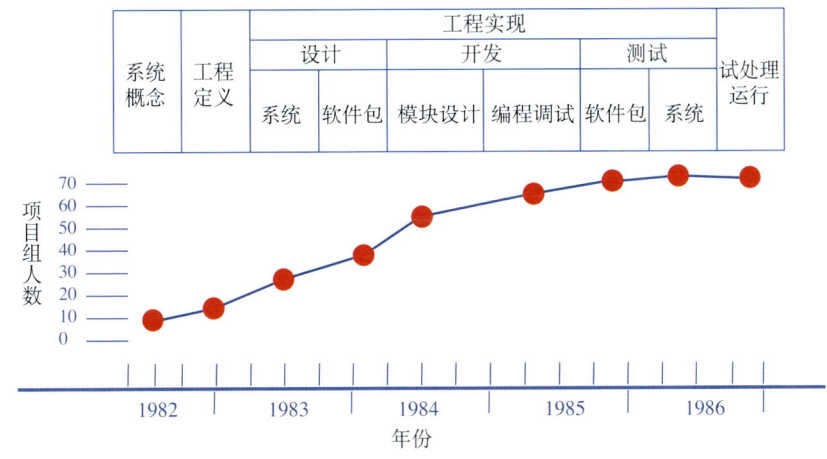

图1-11　银河地震软件系统软件工程周期

由三台计算机构成的分布式处理系统如图1-12所示。图中的三台计算机P1、P2和P3在银河地震数据处理系统中分别是：Cyber 730计算机、银河计算机和VAX11/780计算机。分布式处理管理主控程序DPS接收面向地震用户的语言（SOL），将其分解成三个部分，每部分由相应计算机的作业控制语言和相应的地震编码语言组成。这种分解工作完全由DPS自动进行。第一台计算机P1读入地震磁带数据，其处理结果地震数据文件经由P1OUT送给第二台计算机P2；第二台计算机P2通过P2IN读入数据，处理后经由输出模块P2OUT送给第三台计算机P3等等。在这样实现"宏流水"处理的过程中，地震数据本身起着接口的作用，并担负激活下一台计算机处理执行的使命。

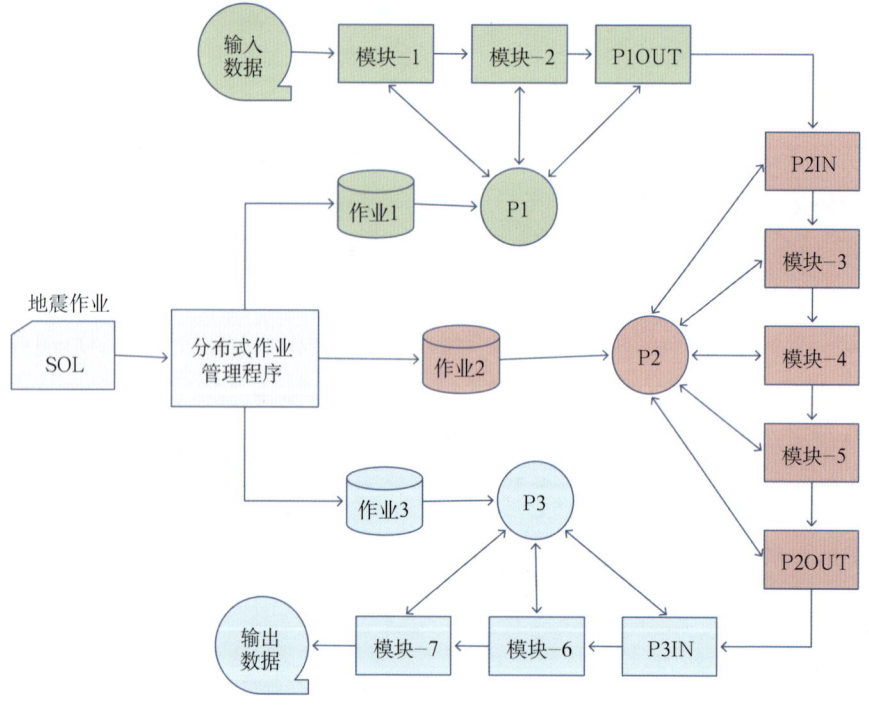

图1-12　地震作业分布式处理示意图

在银河地震数据处理系统投入运行后，BGP又应有关油田要求开发了PE3284多阵列机多辅处理机地震数据并行处理系统。该系统实现了连接国产的高性能数组处理机（也称阵列机）和引进的PE3284计算机，构成地震并行处理系统，在国内7个油田安装,大大提升了三维地震处理能力。与此同时,中国石油天然气总公司与中国科学院联合攻关,于1991年9月开发了KJ8920地震勘探油田开发大型数据处理系统。

1.2.4　GRISYS & GRIStation——国产商品化的地震处理软件和商品化的解释软件

从150机到银河机以及KJ8920等,均要针对具体型号计算机开发相应的地震软件,因此,每当出现一个新的计算机型号时,就需要针对机器重新开发应用软件,软件开发处于被动状态。针对这个问题,提出了基于标准的软、硬件平台开发具有自己产权的处理解释系统的设想,从而诞生了GRISYS & GRIStation系统。这两个系统的设计目标除了技术先进、功能齐全外,还包括可移植性及较强的交互能力。

GRISYS是国产第一个商品化地震勘探专业软件系统,其基本核心系统设计包括地球物理功能模块、地球物理操作系统(翻译子系统和执行子系统)、地震数据库系统等(图1-13)。GRISYS提供地球物理语言(编码语言)由地球物理分析员(编码员)用于描述作业的处理流程和参数。GRISYS系统设计中包含4个主要的概念:模块化、可视化、并行化和一体化[13]。在20世纪90年代,GRISYS处理系统每两年有一次版本升级(图1-14),1992年发布版本V1.0,2004年版本发展到V8.0,包括14类功能,300多个功能模块,5大特色技术(有效的去噪技术、配套的静校正技术、高分辨率技术、三维连片技术、叠前偏移技术等)。

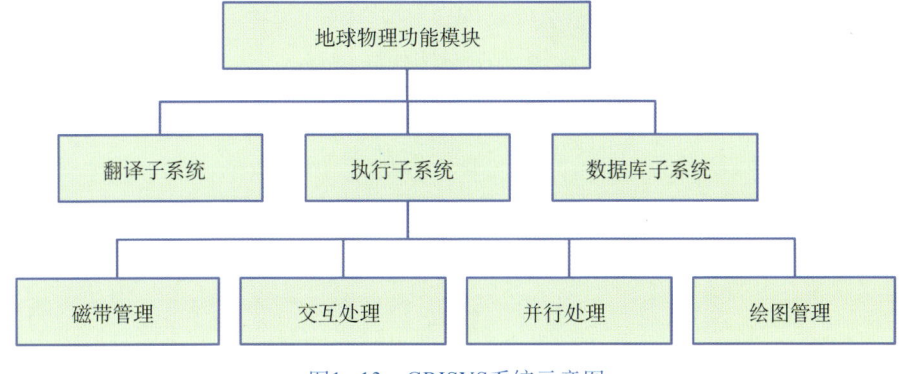

图1-13　GRISYS系统示意图

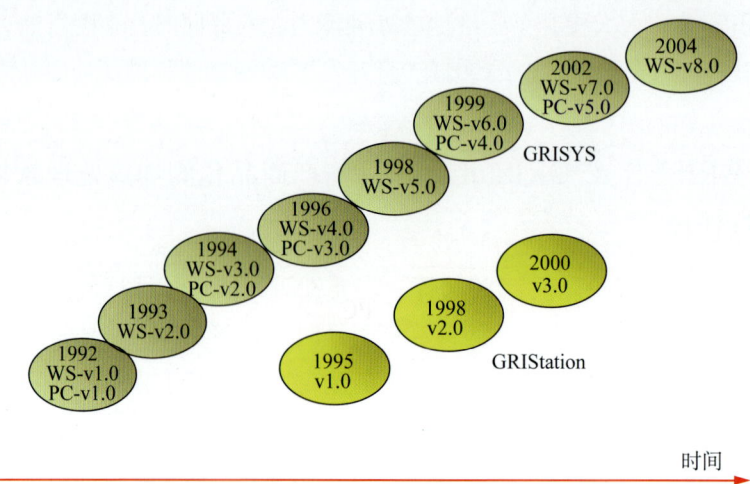

图1-14　GRISYS/GRIStation软件发布历程

　　GRIStation地震地质综合解释系统具有地震构造解释、地质解释、三维可视化显示与成图工具、储层分析及综合评价等功能，并在多线剖面解释、逆断层构造成图等方面独具特色。1995—2000年间GRIStation解释系统发布了3个版本。

1.2.5　GeoEast——国产第一套地震处理解释一体化系统

　　"地震处理解释一体化"是物探技术的重要发展方向。物探软件作为油气勘探技术的载体和工具，应该支持这样的工作模式。早在20世纪90年代，国际石油工业界就开展过软件集成技术研究。在20世纪90年代后期，CNPC也曾经开展"石油勘探开发应用软件工程化与集成技术"科技攻关。2003年，CNPC正式就研制地震处理解释一体化软件GeoEast系统立项。GeoEast系统研发的目标是充分利用现代先进的计算机信息技术，构建可全面支持处理解释一体化应用功能、适用于油气精细勘探和初期开发的软件平台，使其成为中国油气勘探技术的有效载体和集成平台。

　　经过几年攻关，GeoEast处理系统已经具有较先进的软件平台和较完备的二维、三维地震资料处理功能，目前已经具备超过230个功能模块，涵盖了地震资料处理的各个环节（图1-15）。在复杂地表、低信噪比和高分辨率处理等方面具有特色。解释系统不仅能够完成二维和三维常规构造解释任务，还在三维可视化构造解释和多线剖面解释等方面独具特色。地震处理和解释共享数据平台、通用工具与部分应用功能。GeoEast处理解释一体化系统发展了复杂构造成像、提高分辨率处理、深海及多波资料处理、叠前属性提取和参数反演等技术。同时，在集群计算机环境(图1-8c),GeoEast软件性能不断优化[14]，以叠前时间偏移为例，表1-4是利用相同的地震数据（24030203道，174G）在相同计算机集群（64节点）上运行时间的统计。可以看出，新版本GeoEast系统的叠前时间偏移的性能已经可以和国外的著名品牌地震成像软件比肩。GeoEast系统还开发了并行和分布式处理框架，实现基于数据分割的高效率并行计算。经过多年发展，GeoEast正在成为BGP特色技术的有效载体，必将发展成为CNPC油气勘探的主流软件。

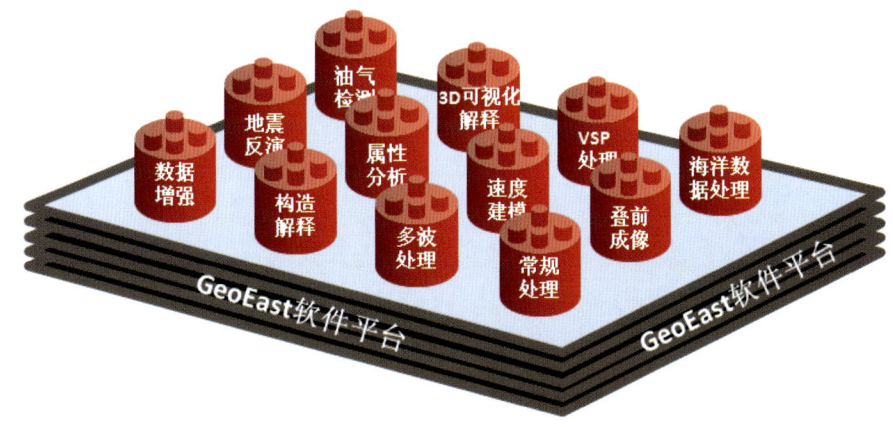

图1-15　GeoEast系统应用功能示意图

表1-4　叠前时间偏移性能对比（赵长海博士提供资料）

软件系统	GeoEast	国外某著名软件	GeoEast比国外某著名软件性能提升倍数
目标线偏移	29min	48min	0.66
体偏移	35.45h	51.28h	0.45

1.3　物探软件技术变革

物探软件技术在过去几十年间，在需求牵引、技术推动下，曾经发生了多次变革，其中包括：20世纪70年代开始发展的模块化技术、20世纪80年代开始发展的并行计算技术、20世纪90年代开始发展的可视化和人机交互技术，以及在21世纪初开始发展的一体化软件体系结构技术等。

1.3.1　模块化技术

早期的地震处理流程中的每个步骤，采用独立应用程序，由一个无结构代码完成（所有东西均在主程序中）：地震数据从磁带读入，经该程序处理后，将结果写回到磁带上。20世纪60年代至70年代的大多数地震软件采用这种结构。那时CPU速度较慢，是影响系统性能的主要因素，因而由磁带输入输出引起的系统瓶颈现象不十分突出。但在那以后的十多年间，CPU速度大约提高了2000倍，而磁带输入输出速度只提高了100倍。因此，20世纪70年代开始引入了模块化概念，从此以后，大多数地震软件采用所谓"模块化结构"。这种结构利用管道或数据流概念，将足够数量的地震数据读入内存，调用一系列处理功能模块，对数据进行加工处理，然后将结果输出到磁带上。

模块化的概念十分简单，即：程序应该由一组尽可能独立的模块构成，每个模块完成整个系统的一部分逻辑功能；模块应具有定义良好的清晰接口，不同的模块之间只通过接口交流信息，局部信息完全屏蔽。模块可以看作对程序中一些部分功能的分隔和"包装"，使程序里的一些部分功能独立出来，形成一个局部实体，清晰地与外部隔离。虽然可以通过人工方式模拟模块（例如，在C语言里，通过编程规范），但要很好支持模块化程序（和系统）设计，就需要语言提供一种新结构。支持模块化程序设计的语言，通常提供一种独立的模块结构。

进入21世纪，物探软件模块化技术发展为插件框架技术。所谓PlugIn（插件模块），是指一个软件模块可以被插入到一个应用框架中去，扩充其功能。一个PlugIn是单独编译的、针对定义接口编写的程序。它可以动态地连接到框架程序而不需要重新编译框架程序。PlugIn允许增加新功能，而不需要修改已有的成分。PlugIn的用户可以扩充系统而不需要接触已有的源程序。PlugIn容易维护，因为它有完全确定的接口并执行非常具体的功能。

1.3.2 并行化技术

并行计算允许处理单CPU计算无法处理（由于单CPU存储器和计算能力限制）或不能够在合理时间得到处理结果的问题。并行计算可以有不同方式：(1)数据并行化——每个处理机同时对不同数据集执行相同任务；(2)任务并行化——每个处理机执行一个不同的任务（流水线处理将计算分成若干段，就是一种任务并行化）。实际上，大多数应用软件均有并行部分和串行部分，而串行部分往往会制约并行效率，因此如果有很多串行计算，则很难得到高的并行计算加速。

并行计算对于大幅度提高地震程序执行速度，增加系统吞吐力以及缩短交互处理响应时间，具有重要意义。地震数据处理可以分成几类：单道处理（如反褶积，动校正）、多道处理（如f—k滤波、速度分析），以及面向全数据的处理（如偏移、模型）。对不同类型地震处理，一般采用两种不同的并行化技术策略：(1)对于波动方程处理、反演，以及岩性模拟等计算量和数据量特别大的应用功能，通过研究和实施相应的地球物理算法的并行方法，实现并行处理；(2)对于一般各种单道和多道处理应用功能，如果能够采用数据分割处理，则每个应用功能模块仍按照传统（串行）算法设计，而在执行地震数据处理时，可以将应用功能模块插入并行计算框架，实现数据并行处理。

以Kirchhoff偏移为例，极其简化了的算法描述如下：

```
for 每个输入道（炮点－检波器点对） do
    for 每个输出点 do
        计算旅行时
        基于旅行时取输入道值
        更新输出点
```

这样的算法容易实现并行计算：(1)大量并行性，由于有众多的输出点，每个计算线程[1]对一个或几个输出点计算，可以实现多线程并行计算。(2)连贯访问存储器，相邻的输出点可以由相继的线程处理。(3)连贯执行，通常所有线程具有相同的程序路径。

1.3.3 可视化技术

作为计算技术术语，"可视化"一词最早出现于20世纪80年代。自从1987年美国国家科学基金会（National Science Foundation，简称NSF）发表了《科学计算可视化（Visualization in Scientific Computing）》著名的报告后，术语"可视化"为工业界广泛使用。物探领域利用图形工作站进行人机交互处理和解释，是与其他科技领域的"科学计算可视化"同时发展的。地球物理可视化与其他学科一样，可以按照三个不同层次实现，即事后处理、跟踪和驾驭。

在可视化应用的早期，物探软件一般只支持事后处理（即把计算过程和计算

---

[1] 线程是一些相关指令的离散序列。线程与其他指令序列的执行相互独立。现代计算机均具有多线程并行计算能力，特别是GPU（图形处理器）更是支持众多线程计算，例如，Nvidia GPU Brick(流式多处理器)多达1536个线程，AMD GPU Brick（单指令流多数据流引擎）多达~1500个线程。

结束后的可视化分成两个阶段进行）。20世纪80年代在工作站交互处理方面出现了许多新技术，提出了许多新概念，如多窗口技术、多维显示与处理、三维显示的视角变换、视窗与裁剪、隐藏面消除和渲染法等。物探交互处理和解释软件，不但支持事后处理，而且支持跟踪（实时显示计算结果，允许处理解释人员了解正进行的计算动态）及驾驭（处理解释人员实时对计算进行干预），以实现真正的"人机联作"。

在地震解释领域，20世纪90年代普遍发展了交互解释技术。最初是在工作站上进行二维解释，后来发展了三维可视化解释和体透视解释技术。体透视使得执行操作的数目增加许多倍，只有在现代高端工作站才有可能实现。例如，一个1000纵测线、1000横测线、1000深度采样点的数据体，不透明绘制六个面总共6×1000×1000个操作。同样的数据体样点变透明度显示，需要透视1000×1000×1000采样点的操作。这意味着大数据对象的体透视需要从磁盘到图形处理器和显示器，所有路径均要求大的带宽和计算能力，需要现代GPU（图形处理器）的高端解释系统（图1-16）。

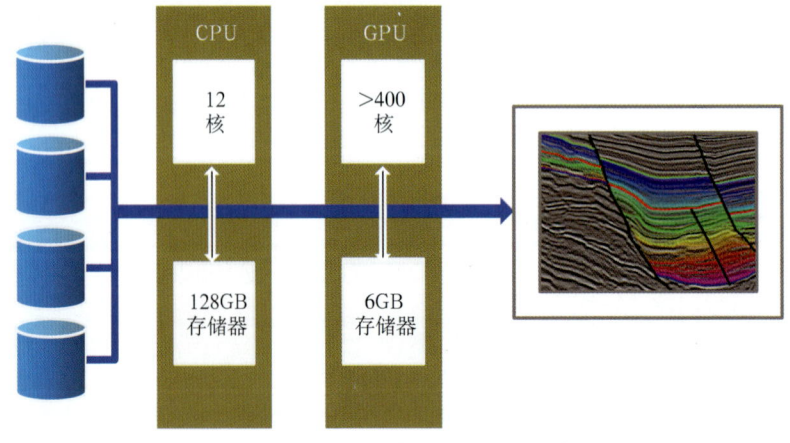

图1-16 带有GPU的解释工作站❶

对于地震处理，不同地球物理功能模块计算工作量差异很大，某些模块更适

---

❶ 该图的例子是当前较为高端的工作站：从CPU到GPU接口5GB/s，从GPU核到显示存储器接口144GB/s，从CPU核到CPU存储器接口32GB/s。GPU显示存储器达到6GB，这个存储器可用于三维可视化和体透视系统的图形数据。这样的大的存储器，如果将2GB叠后地震数据存放在显示存储器，显示存储器还有空间作为工作缓冲区。一旦地震数据在图形处理器中，可以利用GPU中执行图形绘制、放大、平移、旋转、改变彩色和透明度，不必跨CPU到GPU接口。

宜自动批量处理。即使是同一功能，要实现交互处理，也要选择合适的算法和图形用户界面。物探软件交互处理环境应允许批量方式的地球物理功能，能以伪交互方式选择和改变处理流程和参数，并允许用户看到这些选择和改变对处理结果的影响。这样的软件环境还便于实现主机—工作站两级计算。用户只与工作站对话，交互编制作业流程，交互数据请求和交互过程执行；而主机（大型机、巨型机、集群计算机）进行批量处理，其结果可在工作站直接显示。

1.3.4 一体化技术

最初地震数据处理是计算机程序编制者和数学家的任务（例如,前面提到的MIT的数学家在20世纪50年代完成了世界上第一批地震数据处理）。随着计算机设备和软件水平的提高，出现了处理中心和熟悉地球物理专业的处理员,也称为地震分析员。传统的做法是由地震处理员产生地震剖面图像,送给构造地质学家进行解释,建立地质剖面。这样做的问题是，在处理过程中处理员很少考虑处理结果与地层间的地质关系、构造倾角及层的厚度等有关的重要特征，也很少关心和应用区域地质的信息来约束地震成像,而这样的信息有助于产生更精确的图像。20世纪80年代末，交互工作站的发展，使得处理人员能够根据解释人员为他们提供的地质信息进行交互处理。20世纪90年代出现了所谓"解释性处理"，是将地质知识(地质模型和地质信息)用于地震处理的实现过程,通过反复修改所需要的处理准则,检验和修正地质模型。地质家直接参与数据处理分析的整个过程，地震交互系统应该允许地质家在重新处理地震数据时，验证解释结果。这样的过程，可以进一步消除处理和解释之间，分析员和地质家之间的屏障。于是研发地震处理解释一体化系统成为必然的趋势。

进入21世纪，物探软件已经被应用于E&P（油气勘探与生产）各个领域，物探软件与E&P其他领域应用软件的集成，成为重要的软件发展方向。图1-17为Eric Klumpen曾经描述的Schlumberger软件趋势[15]。从图1-17可以看出：(1)工业界首先实现地球物理、地质、岩石物理和油藏工程的软件系统的应用集成（或称一体化），并将进一步实现油气勘探与生产所有软件系统集成；(2)系统集成或扩展的能力，从数据传输，发展到通过SDK（软件开发工具包）支持，将来实现统一的集成平台（插件框架）；(3)系统集成将生产方式的变革，从独立系统发展到以数据为中心和以模型为中心，未来将实现以知识为中心。

石油物探计算机应用与软件开发

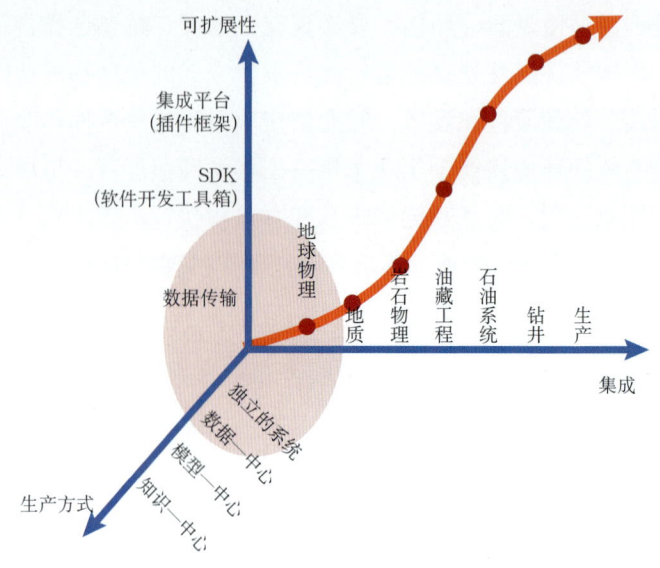

图1-17　Schlumberger软件趋势

Halliburton公司软件发展也有同样趋势：从20世纪90年代的数据集成，发展到今天的以数据为中心的工作流集成，并正在发展下一代的企业级平台和生态系统。

图1-18是未来的企业级平台示意图，除了应用集成框架、系统服务框架和数据管理平台外，还包括一个软件生态系统。

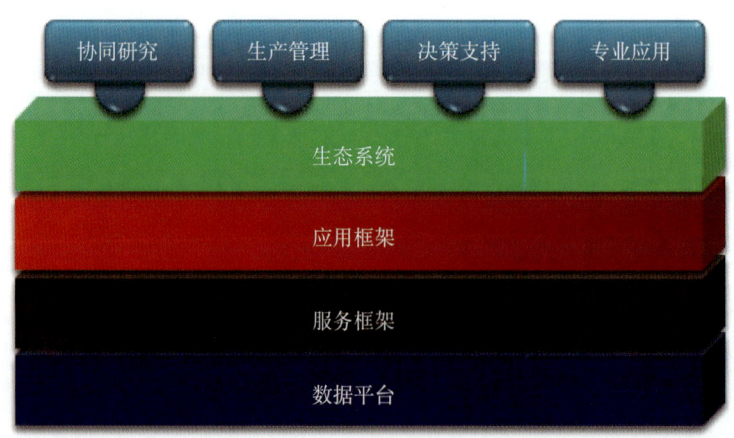

图1-18　未来的企业级平台示意图

软件生态系统是在软件平台上面通过组合平台开发机构内外开发的构件，构建大型软件系统的新技术。软件生态系统将软件工程的范围从软件公司传统的边界扩展到公司群、个人和合法实体，如同自然生态系统，多物种共生、共栖、互补。软件生态系统具备架构高度可扩展性和灵活性、平台接口的稳定性，以及软件开发工具箱，可以更有效开发大型软件，更容易发展特色技术和构建不同系统。软件生态系统的著名范例是Google和Facebook。在石油勘探与生产领域，除了Halliburton公司外，Schlumberger公司也在基于Ocean软件开发框架发展协同工作软件生态系统。软件生态系统支撑了软件设计的变革，从"给用户设计（design to users）"，到"为用户设计（design for users）"、"和用户设计（design with users）"、"由用户设计（design by users）"的依次转变。

国际上主流地球物理软件公司，都重视发展E&P软件一体化和协同工作[1]。"软件一体化"容易被误解为"所有软件功能都包含在一个系统中"。实际上，可以有不同层面的软件一体化，可以是紧密集成，也可以是松散集成。"集成"英文表达为"Integration"，与集成有关的概念还包括协调（Collaboration）、组合（Combination）、合作（Cooperation）、互动（Interaction）、协同（Synergy）等。在图1-19中我们把油气勘探应用软件集成分为：(1)静态集成（或数据共享）；(2)动态集成（或事件共享）；(3)工作流程集成（或对象共享）；(4)生态系统集成（或软件与全球服务共享）等。实现什么样的软件集成取决于应用需求——不宜过于紧密或过于松散。

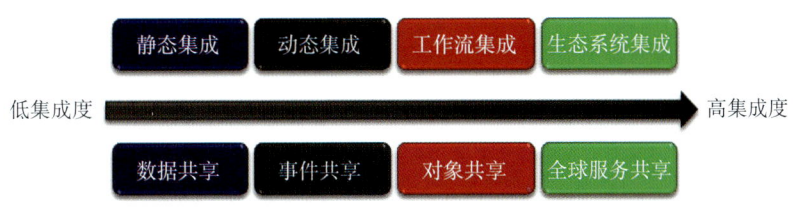

图1-19 油气勘探软件集成

---

[1] Schlumberger公司的Petrel E&P（勘探与生产）软件平台支持集成地质和地质建模、地球物理软件、油藏工程、区带到远景工作流、钻井、勘探与生产知识环境工作台。2011年Schlumberger公司初步推出了"一体化的产品组合"，集成Omega地震处理系统的地球物理和计算引擎、Petrel从地震到模拟软件的可视化功能和Ocean插件框架，实现了从勘测设计到储层模拟连续的工作流。Petrel 2013软件平台通过提供更好的一体化方式来解决主要的技术挑战，例如盐下储层精确描述。该平台通过叠前宽方位角分析和进一步改善与Omega地震资料处理软件的联系，改善了盐层解释的流程，增强了地震成像能力。该平台引入的基于体积建模的方法提供了对地质复杂性的精确展示，可更精确地预测烃类储量，以及验证复杂沉积环境的解释。同样，Halliburton公司的DecisionSpace平台支持集成处理、解释、建模、云服务等。

1.4 小结

正如Brian Clagg指出过的,"石油是能量储存和分配的媒介,与世界经济有着根本的联系"[16]。石油物探计算机应用最初可追溯到20世纪50年代初。计算机应用和软件开发技术进步,促进了物探数字化革命,促进了物探技术创新,促进了物探工作方式变革,促进了勘探地球物理学科的发展。

中国石油工业计算机应用始于1963年(最早应用在油田开发研究领域),第一套地震数据处理软件系统诞生于1973年(150计算机地震处理系统)。物探软件是物探知识的提炼和"固化",经历近半世纪发展,国产物探软件系统功能不断完善,性能得到了持续提高,正在成为物探技术的载体、油气勘探与开发的利器。

模块化、可视化、并行化和一体化,是过去几十年间物探软件技术发展的主流趋势,现在仍然是物探软件技术研究的重要课题,也是本书论述的重点。

参考文献

[1] 周仲良,郭镜明译.美国数学的现在和未来.上海:复旦大学出版社,1986
[2] Ward R W. Future Geophysical Technology Trends:NPC Members' View.The Leading Edge, 1996, 15(6):729~735
[3] 赵波,王赟,芦俊.多分量地震勘探技术新进展及关键问题探讨.石油地球物理勘探,2012,47(3):506~516
[4] Brian Russell. Zero distance and infinite resources. The Leading Edge, 2003, 22(2):150~151
[5] 赵改善.地球物理软件技术发展趋势与战略研究.勘探地球物理进展.2010.33(2):77~86
[6] Beasley C J. Beyond the "more data, faster computer" syndrome. The Leading Edge, 2003, 22(2):152~154
[7] 王宏琳,罗国安.国产地震处理解释软件的发展.石油地球物理勘探,2013,48(2):325~331
[8] 计算中心站方法程序研究室.150计算机地震数字处理程序C.物探数字技术,1974,1(2):3~41
[9] 马在田.学海回眸.上海:上海社会科学出版社,2009
[10] 王宏琳.CYBER地震软件系统的改进.石油地球物理勘探,1980,15(1):83~93
[11] 马在田.高阶有限差分偏移.石油地球物理勘探,1982,17(1):6~15
[12] 王宏琳.地震软件系统设计研究.物探科技通报,1988,6(2):48~56
[13] 王宏琳,张希哲,牟善林.GRYSYS软件系统设计中新技术的应用.计算机在地学中的应用国际讨论会论文摘要集,1991,564~569
[14] 王宏琳,陈继红.地球物理软件集成环境研究.石油地球物理勘探,2010,45(2):299~305
[15] Eric Klumpen. Extensibility beyond Ocean. The Third Ocean Developers Forum, 2011, 1~18
[16] Brian Clegg.王耀杨译.60秒学物理学常识.见:《科学美国人》专栏文集.北京:人民邮电出版社,2012,208~209

2 批量处理

2.1 地震数据处理

地震勘探过程包括三个阶段：地震数据采集、地震数据处理和地震数据解释。在采集阶段，由震源装置(空气枪或爆炸)生成弹性振动波。这些振动波在地下特征不连续处衍射或反射。反射的波在地面被记录。第二阶段的地震数据处理处理尝试通过在地面记录的数据重建这些反射波穿越的地下地层的形态，从而得到地下分层信息及与岩石性质有关的信息。随后，在地震解释阶段可以将这些信息用于储层表征，更好地了解油藏中的水和碳氢化合物。在这三个阶段中，采集是基础，处理是关键，解释是龙头。

作为关键环节的地震数据处理，就是利用计算机对野外记录应用各种地球物理算法，提高反射波数据的信噪比、分辨率和保真度，力图建立更为准确的地下图像和估算地下特性分布，以便于地质解释（图2-1）。

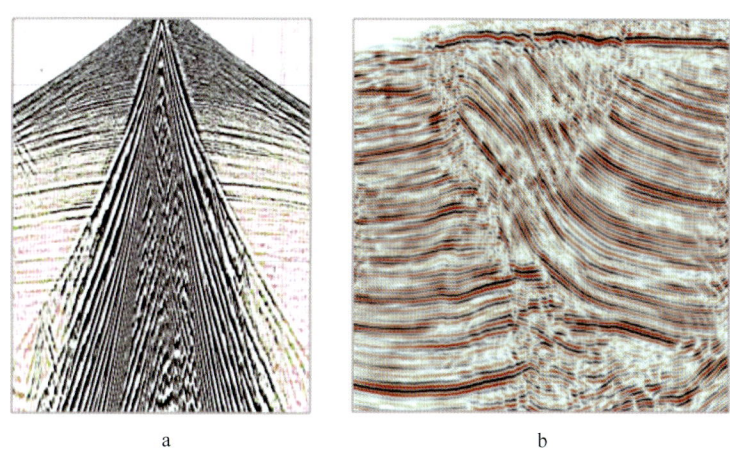

图2-1 野外单炮记录例子（a）和地下剖面图像例子（b）

一个简单的地震处理流程的例子如图2-2所示。可以看出：(1)在数据预处理阶段，读野外数据后，可以进行重采样，然后定义观测系统参数，通过道编辑去除坏道和切除直达波。(2)在叠前子波整形阶段，进行振幅恢复，以校正由于散射、吸收和扩散造成的反射波能量损失，通过带通滤波和反褶积，消除噪声。(3)在动校正叠加阶段，通过$f-k$多次波压制减少多次波对速度分析和DMO影响，NMO/DMO速度分析时需要迭代过程（进行NMO，DMO，反NMO和重做速度分析），利用收敛的速度场进行动校正（NMO）和共中心点（CMP）叠加。(4)在叠后处理阶段，可以利用$f-k$滤波消除散射能量，用带通滤波和反褶积提高信噪比，并进行振幅校正（振幅的横向变化将对偏移过程带来不利影响），最后是时间域或深度域的偏移。可以将偏移后的数据提供给解释人员，对偏移的数据解释通常包括对偏移的振幅和其他属性的进一步分析。

在实际生产实践中，各个探区的地质特点和勘探目标有差异，因此，地震数据处理流程也有所不同。

国内外主要地球物理公司均致力于发展地震数据处理方法，如BGP、WesternGeco和CGG公司。地震数据处理方法很多，不同的地球物理公司分类大同小异。

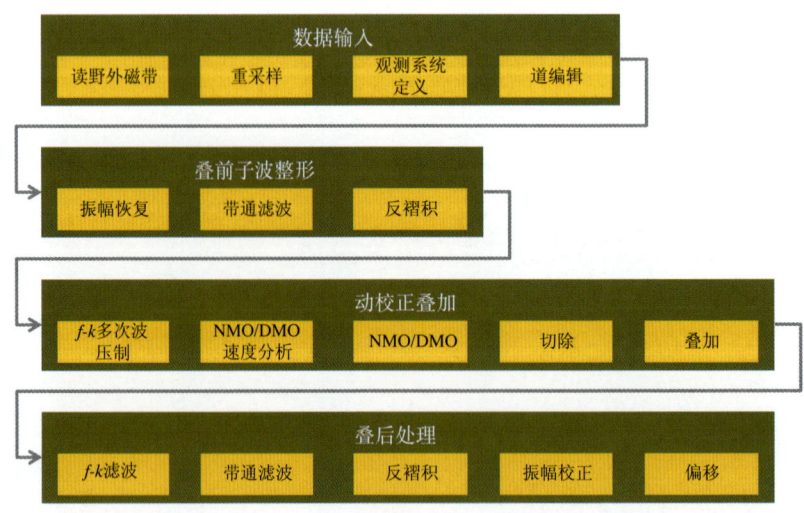

图2-2 一个简单的地震常规处理流程例子

常规处理方法一般包括：(1)数据输入和输出——支持SEGY格式、SEGB格式、SEGD格式，以及各种专门格式，如GRISYS格式、CODE4格式、Landmark立方体格式等。(2)振幅处理——道编辑、动平衡、反射强度增益、时变比例加权、振幅补偿、地表一致性振幅补偿、地表一致性振幅分析等。(3)静校正——静校正量计算、共炮检距初至静校正量计算、三维地表一致性剩余时差计算、三维地表一致性剩余时差分解、连续介质静校正量计算、静校正质量控制图、野外静校正量图、三维非地表一致性静校正、三维静校正调整静校正应用等。(4)子波处理与反褶积——统计子波反褶积、预测反褶积、整形滤波、谱模拟反褶积、蓝色滤波、时变谱白化、同态法子波估算、相位扫描与校正、时频谱分析、频率域谱外推、零相位转换、脉冲反褶积、三维地表一致性反褶积、三维地表一致性分析、串联反Q滤波等。(5)动校正叠加与组合——二维动校正、叠加速度谱分析、波形速度谱绘图、等值线速度谱绘图、三维动校正、叠加、保幅叠加、DMO叠加、相干高精度叠加、中值叠加、常速度扫描、动校正拉伸校正等。(6)偏移——差分偏移、串联偏移、带吸收层三维叠后偏移、相移法三维叠后偏移、常速$f-k$偏移、对数法DMO、拟合差分偏移、相移法偏移、$f-x$域有限差分波动方程偏移等。(7)消除噪声和信号增强——局域滤波去面波、多项式拟合、三维随机噪声衰减、异常振幅衰减、自适应高频噪声衰减、自适应面波衰减、叠前规则干扰压制、二维叠前随机噪声衰减、单频波压制、叠后$f-k$域信号非线性增强、频率滤波、径向预测滤波、二维多道相干噪声滤波、自动地震道编辑、相干加强、叠后混波等。(8)滤波切除和插值——滤波、$f-k$插值、道切除等。(9)反演——包括三维声阻抗反演、三维声阻抗反演井参数、地震岩性模拟等。(10)此外，地震数据处理系统一般都包括有一系列辅助功能（道头和数据打印、人工生成地震道、修改道头、时间切片、剖面绘图、重采样、相关分析、三维坐标转换和重排、抽取任意线、绘制道头、剖面合成、绘制CDP位置图、三维网格绘图、线性校正和高程曲线绘图、地震道串接、可控震源相关等）。

特殊处理软件一般包括：(1)AVO处理——计算AVO剩余振幅补偿、AVO剩余振幅补偿、AVO正演、AVO角道集分析、AVO拟合叠加、AVO属性反演等。(2)深度成像软件——层析/反演、速度模型建立和更新、叠前深度偏移算法、速度模型的建立、积分法叠前深度偏移、波动方程叠前深度偏移、RTM逆时偏移、FWI全波形反演等。在存在横向速度变化时，不论构造复杂程度如何，许多传统的地震处理假设均不再成立。因此，正确的成像需要利用三维叠前深度成像方法。与传统地震数据处理比较，成功的深度成像更加需要经验。关键是建立正确的速度模型，需要灵活的交互软件，帮助处理人员洞察成像中的问题和快速分析有关信息，更新速度。(3)先进的反演软件——弹性反演软件利用非零偏移距道集中含有纵横波信息的特征，通过对不同道集部分叠加资料进行反演，获取反映岩性和流体成分的弹性阻抗或弹性参数模型，实现岩性和流体预测；地质统计随机模型与反演软件，是以地质框架、测井和地震资料为基础，利用储层/油气藏的空间分布规律进行随机模拟/反演，获取一组等概率的储层/油气藏参数模型。(4)多波处理——转换波处理和成像、PZ处理和成像、方位角各向异性分析、多波解释、联合PP-PS反演。(5)静态油藏定义（蚂蚁追踪、弹性阻抗反演、综合岩石物理建模、联合孔隙度饱和度反演、基于地震岩性聚类、低频补偿、叠前波形反演、油藏合成模型、岩石性质标定、空间自适应反演、SDA分解、Wedge建模井数据校正等）。(6)时移和四维油藏分析（时移油藏分析、地球模型和基于模拟建模、岩石物理和流体替换建模、地震响应模型、Wave-Height校正地震、时移Binning、低频特殊匹配、信号匹配等）。

2.2 地震数据批量处理

这里有必要用计算机语境解释两个术语：其一是地震处理流程（processing flow）。地震处理流程可用一个ASCII文本文件表示，由用户用来定义模块和参数以执行某些任务。处理流程由处理系统转换成为可执行的进程。其二是地震处理作业（processing job）。地震处理作业是运行一个处理任务的进程。相同的处理流程可能被提交多次。每次提交将运行新的作业。

在计算机执行地震处理作业有两种方式[1]：批量处理和交互处理。地震批量处理（图2-3）是在作业运行前设定了其所有参数，这不同于交互处理，后者对处理参数的决策是在人机互动过程中，由用户根据计算结果逐渐确定的。

提交给地震数据处理系统的批量作业，通常用地震作业控制语言,也称为地球物理语言或编码描述，指定作业的需求（例如，使用什么磁带），以及做什么——使用的地震功能模块的名字和参数。一个批量处理作业一般包含多个批量模块。在大部分情况下，只有作业中的第一个模块执行从磁盘或磁带存储设备读入数据，最后一个模块执行把输出数据写到磁盘或磁带存储设备，而不必每个功能模块都执行从外部存储介质输入/输出。地震数据可以有不同格式（例如，SEG-Y，GRISYS等）。地震批量模块间可以相互通信，传送有关"消息"。有的模块还需要使用数据库表、可选择用的附加地震道集，以及其他数据对象（速度模型、曲线、图件等）。

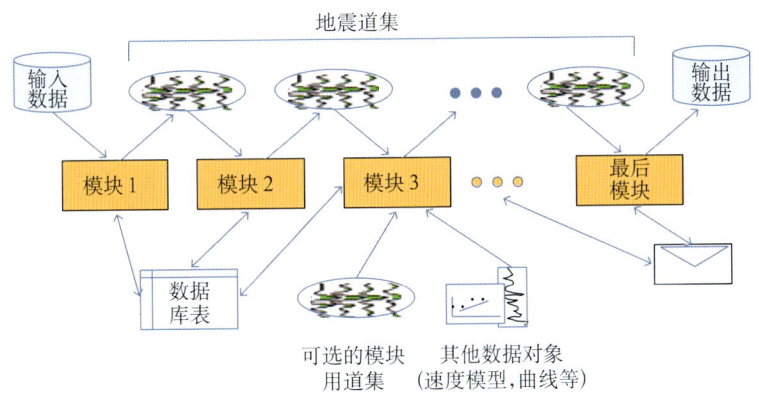

图2-3 地震数据批量处理示意图

2.3 地震数据处理软件模块化

2.3.1 地震处理软件模块化基本概念

地震数据处理有两种基本执行模式：一是独立(standalone)执行模式，二是流水线(pipeline)执行模式。假定有一系列地震模块A、B、C和D，要对某测线数据进行处理。国外较早期开发的软件包中，由于当时的CPU速度较慢，模块A、B、C和D中每一个均要耗费大量处理机时间，因此，每一个模块均作为一个作业单独执行（即，独立执行模式）：从磁带上读入数据，处理后又写回磁带上去。随着CPU速度的提高和内存加大，足以在一个作业中顺序调用模块A、B、C和D，若每个模块还从磁带上读入数据并写回磁带中去，就显得I/O开销太大。国外一些著名的地震软件包，例如，WesternGeo的地震软件包，一直到20世纪80年代末，还留有这种结构的痕迹。但是，WesternGeo的处理员可以利用JCL（作业控制语言）过程，将几个模块结合一起执行，或在一个作业内执行几个过程，以减少I/O开销。

在一些较新设计的地震软件包中，采用了所谓"流水线技术"。利用这种技术，模块A、B、C和D被串联一起（即流水线执行模式），并且至少有一个公共的存储区。一个地震道被读到这个公共存储区中，然后由A、B、C和D诸模块顺序处理。70年代中期以后开发的地震软件，大都采用这种结构。这个结构设计的关键是解决模块之间的连接，以及各个模块所要求的内存资源分配问题。

现代地震软件系统，都定义了简单的面向地球物理应用的编码语言，用于处理员向软件系统发送"命令"。编码语言描述处理所用的模块的名字、处理参数和流程。图2-4表示GRISYS系统对编码语言处理过程。

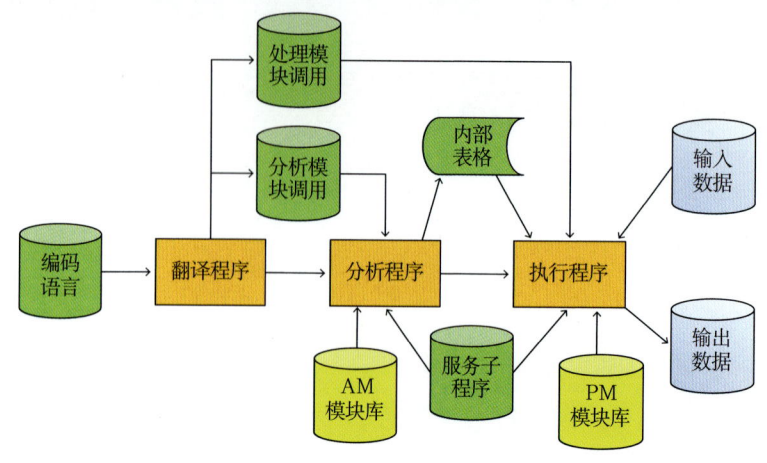

图2-4　GRISYS模块化地震处理系统运行过程示意图

整个处理过程分三阶段：翻译阶段、分析阶段和执行阶段。在模块化地震软件包中，每个应用程序模块均由分析模块和处理模块组成。分析模块（AM）执行参数译码、申请资源，处理模块（PM）执行实际地震数据处理。分析模块在分析阶段运行，对参数译码结果造表、"编目"，而相应的处理模块在执行阶段执行，可以通过"查目"，获得其分析模块建立的表格。

在图2-4中，翻译程序对用户提供的作业编码语言进行翻译，形成"分析模块调用"和"处理模块调用"。翻译程序的这两个输出可以是计算机系统能够识别的语言（汇编语言或高级语言），也可以是对装配程序（Loader）的调用命令。在前一种情况下，生成的语言程序主要由一系列的子程序调用语句构成，经过汇编或编译，生成目标代码，供装配程序使用。装配程序在满足外部引用过程中，自动把用户所要求的模块装配在一起。

至于内存资源分配，由于分析阶段执行时间短，且内存资源要求往往固定，因此可在编写各个分析模块时直接开辟数组工作区。当分析模块分析了编码参数后，就可以计算出相应的处理模块所需要的各种缓冲区类型（永久或临时）及长度，供执行阶段进行动态内存分配。

2.3.2 地球物理软件模块化基本要求

Parnas 在20世纪70年代提出的用于分解系统为模块的准则[2]是模块化研究的开端。而地球物理软件模块化也有同样长的发展历史。在20世纪70年代初开发的150计算机地震数据处理系统，是直接采用机器语言编程，每个功能模块作为作业控制主程序调用的子程序。20世纪80年代开发的银河地震数据处理系统，已经有明确的模块结构，实现一个作业中的部分模块在前端机执行，其他部分在银河机执行。早期的地球物理软件是用Fortran77语言编写的，缺乏在语言编译器级别上对模块化的支持，因此，地球物理软件开发者一般利用子程序形成统一的模块结构，用主程序、子程序、子过程等框架把软件的主要结构和流程描述出来，并定义和调试好各个框架之间的输入、输出的链接关系。20世纪80年代末至90年代初开发的GRISYS地震数据处理系统就是基于Fortran77语言实现地球物理软件模块化的成功例子。进入21世纪，地球物理软件模块化技术有许多新的发展。GeoEast地震数据处理解释一体化系统，在继承GRISYS地震处理系统模块化技术的基础上，发展了基于XML（可扩展标志语言）的地球物理作业描述、应用模块动态链接和多数据管道驱动批量处理等技术。当前，一些先进的编程语言在物探软件开发中广为使用，如Fortran90/95/2003、C++和Java，进一步促进了物探软件模块化技术发展[3, 4]。

从软件开发角度，模块化是把一个复杂软件分割为一些相对独立、清晰的部分，有利于控制和克服复杂性。模块化是开发过程本身需要的——复杂的软件系统包含大量代码（大型地球物理软件系统往往包含数百万行的源语句），不可能作为一个整体开发，可以把模块作为程序开发的基本单位进行独立的开发、测试和系统集成。专业软件有较长的生存周期，需要根据新认识、新环境和新需求等不断演化。模块化便利局部维护和修改，有利于系统的演化。此外，具有典型逻辑意义的独立模块，有可能作为重用单位被用于其他软件系统，减少软件开发的工作量，重用经过良好调整、反复测试和实践检验的程序部分，可提高软件执行效率、质量和系统的可靠性。

地球物理软件模块化，不仅是软件开发过程所需要的，更是地球物理软件应用所需要的。地球物理软件应用对模块化的基本要求，可归结为以下几个方面：(1)功能独立。地球物理软件模块化设计的基本要求是保持每个功能模块"独立"。地球物理软件模块化一般从功能上划分模块，独立的功能模块不但可以降低开发、测试、维护等阶段的代价，更重要的是可以由地球物理数据处理用户选择、组合使用。当然，"功能独立"并不意味着模块之间保持绝对的孤立。一个地球物理数据处理作业有时需要各个模块相互配合才能实现，此时模块之间就要进行信息交流。(2)强内聚、弱耦合。地球物理软件模块化设计的重要原则是模块结构成分的"强内聚、弱耦合"。这里，"内聚"是指一个模块内部各成分之间相关联程度的度量，"耦合"是指模块之间依赖程度的度量。当然，内聚和耦合是密切相关的——模块之间存在强耦合通常意味着模块内部弱内聚，而模块内部强内聚通常意味着与其他模块之间的耦合弱。只有模块实现了强内聚、弱耦合，才能够便利于任意组合使用。(3)功能模块与控制引擎分离。模块化的地球物理软件系统的核心是执行控制程序，也称为应用执行引擎，负责管理和控制地球物理模块的调用和执行，并管理模块之间的数据道传送。分离执行控制引擎和应用功能模块是非常重要的，可以保证模块功能的可扩展性——任何功能模块增加、删除和替换，不影响执行控制引擎。(4)输入输出与应用功能分离。大多数地球物理模块不需要关心地球物理数据输入输出的具体操作。地球物理数据输入输出由专门模块负责，由执行控制程序管理。放在缓冲区中的数据道一般是浮点数格式。数据道长度和采样间隔没有限制，因为工作缓冲区和磁盘文件可以动态分配。(5)公共子程序库。地球物理模块利用公共子程序库进行参数译码、数据存取、信息显示、消息通信、错误处理等。例如，具备统一的错误处理——当出现错误时，地球物理模块不会终结作业运行，只设置错误标志，把控制返回给执行控制程序；控制程序一旦发现有致命的错误，以有序的方式终结作业。地球物理功能模块利用执行控制程序提供的接口发送错误信息，写在错误信息文件中。(6)模块组合与参数化。用户作业可以任意组合模块形成处理序列，而每个功能模块的处理参数可以由用户指定。地球物理功能模块及其子程序可以重用，允许单一功能模块被调用多次。系统提供图形用户界面，允许用户选择作业所需要的模块和参数。用户在提交作业后，系统能够自动处理大数据集。

2.4 一个简单的模块化地震处理系统

OpenSeaseis是基于C++语言的地震数据处理系统。选择OpenSeaseis作为模块化系统示例的原因是该系统具有良好的模块化结构,而且是一个开源软件[❶]。

2.4.1 作业描述

如下是一个OpenSeaseis作业的例子:

```
# Read in data (读数据)
$INPUT
         filename /disk/input_data.segy
# 滤波
  $FILTER
    lowpass 60
    highpass 4
# 叠加
$STACK
    mode  unsorted
    header rec_x
    norm  0.0
# Write out data (输出数据)
$OUTPUT
    filename  data/t01_pseudo_data.cseis
```

OpenSeaseis作业描述遵循一些简单的句法规则(事实上,许多商业地震处理系统也同样具有类似规则):

(1)跟着$的大写字母串为模块名字,例如,例子中的$INPUT,$FILTER,$STACK和$OUTPUT。

[❶] OpenSeaseis地震处理系统是由Bjorn Olofsson开发的。Bjorn Olofsson毕业于Hamburg大学,曾经在WesternGeco从事数据处理研究与开发,在CGGVeritas从事技术支持与开发,现任Seabird勘探公司地球物理副总裁。感谢Olofsson先生,读者可以从如下网址下载全部源程序(现在属于科罗拉多矿业学院):http://cwp.mines.edu/cwpcodes/OpenSeaSeis/。本节的内容也主要引用上述网址资料。

(2)在#右边的所有文本是用户注释，如，#Read in data(读数据)，#Write out data(写数据)。

(3)在作业中多次出现的参数或值，可以用&define或&table语句定义：

&define constant_name constant_value 定义用户常数名字和值（在作业运行前，将流程脚本中每个出现&constant_name&地方替换为constant_value）。

&table table_name filename_path 定义ASCII表名字、文件路径和名字（可由流程中的所有模块引用）。

(4)流程分支：OpenSeaseis提供流程分支的两种途径。

①IF-ELSEIF-ELSE-ENDIF 块。

每个数据道流过IF分支，或ELSEIF分支之一，或ELSE分支。在ENDIF处，所有数据道合并一起进主流。

②SPLIT-ENDSPLIT 块。

在SPLIT模块选择的每一数据道被拷贝到独立的分支，与主流分开处理。被拷贝到SPLIT分支的道，不合并回主流，而在ENDSPLIT处被删除。

2.4.2 模块结构

OpenSeaseis的每个模块定义一个名字空间，由模块用于存放用户参数。如下是模块gain（增益控制模块）的名字空间例子：

```
namespace mod_gain {
  struct VariableStruct {
    bool is_tgain；  //应用时间增益函数
    float tgain；    //时间增益的值
    ………
  };
}
using mod_gain：：VariableStruct；
```

每个模块有一个初始化阶段模块子程序，如下是模块gain的初始化阶段部分代码：

```
   void init_mod_gain_( csParamManager* param, csInitPhaseEnv* env, csLogWriter* log )
   {
   ………
   VariableStruct* vars = new VariableStruct（）； //建立新的变量结构
   vars–>is_tgain = false；
   ………
   if( param–>exists("tgain") ) { //检查是否提供有时间增益参数
     param–>getFloat("tgain", &vars–>tgain)； // 如果有，保存时间增益值
     vars–>is_tgain = true；              // 并置标志为真
   }
   else {
     vars–>is_tgain = false；             //否则，并置标志为真
   }
   ………
   }
```

每个模块有一个执行阶段模块子程序，如下是模块gain的执行阶段部分代码：

```
   bool exec_mod_gain_(
     csTrace* trace,
     int* port,
     csExecPhaseEnv* env, csLogWriter* log )
   {
   ………
   if( vars–>is_tgain ) {       // 如果提供有时间增益参数，
     if( vars–>tgain == 2 ) {   // 则按照时间增益值，进行增益计算
       for( int isamp = 0； isamp < shdr–>numSamples； isamp++ ) {
         float time = (float)isamp*sampleInt_s；
         samples[isamp] *= time*time；
       }
     }
   ………
   }
```

2.4.3 运行管理程序

地球物理语言或称处理流程作业描述，由处理系统翻译为可执行的进程。在OpenSeaseis中，核心的系统csRunManager有两个运行阶段：初始化阶段和执行阶段。

在运行初始化阶段，对于所有模块进行：(1)输入文件的语法分析，替换用户定义的常数等。(2)从作业描述文件读模块和用户参数。(3)建立流程序列，即IF或SPLIT块。(4)运行init阶段模块子程序。

在执行阶段，对于所有输入道大循环：

(1)读入输入道，如果没有读入数据，则不传递数据道。

(2)对于除了INPUT模块外，所有模块内循环：检查模块是否就绪。

①如果模块就绪，提交执行阶段。

②模块处理完成，判别当前模块是否流程最后的模块，以确定下一个模块的索引。

③找出当前模块的输出口和下一个模块的输入口适当的组合。

④利用输出口/输入口适当的组合，将地震道从当前模块传递到下一个模块。

(3)运行清理阶段。

在OpenSeaseis系统设计中，namespace cseis_system包括如下类：csParamManager用户参数管理程序（管理存取用户参数）、csTrace地震数据道（包含在每道样点数、道头值和道头定义指针）、csTraceGather道集（指向道的指针）、csParamDef参数定义（定义模块所有参数。参数是作业流程中的一行，包含参数名字与相关的值）、csInitPhaseEnv初始化阶段环境、csExecPhaseEnv执行阶段环境、csLogWriter日志文件写程序等。

2.4.4 公共类库

在OpenSeaseis中，包括一些公用类库。

cseis_build：自动生成包含所有标准模块的头文件，建立到模块二进制库的软连接。

Geolib：各种算法库，如cseis_curveFitting曲线拟合、csDespike（从输入数据消除脉冲和短突发噪声）、csFileUtils（文件实用程序）、csInterpolation（插值程序）、csHeaderInf（道头信息）、csNMOCorrection（动校正计算）等。

Io：csSeismicIOConfig（Cseis地震读/写程序配置）、csSeismicReader（Cseis地震文件读程序）、csSeismicWriter（Cseis地震文件写程序）等。

Segy：csSegyBinHeader（SEGY二进制头）、csSegyHdrMap（SEG-Y头映射定义）、csSegyHeader（Segy头）、csSegyReader（SEGY读程序）、csSegyTrace（Segy道）、csSegyTraceHeader（Segy道头）、csSegyWriter（SEGY写程序）等。

TPL：第三方程序库，其中包括FFTW（由MIT的Matteo Frigo和Steven G. Johnson开发的，执行一维或多维离散富利叶变换）。

2.5 地震数据处理系统结构

地震数据处理系统是指执行地震数据处理的计算机软件系统。地震处理员可以利用这个系统制定处理流程，选择处理参数，监视处理质量。

2.5.1 OpenSeaseis的基本组成

OpenSeaseis系统的批量处理示意图可以用图2-5表示。一个处理作业一般包含多个批量模块。所有应用模块都是由RunManager运行管理程序调用。在作业运行时候，模块把前面模块输出的地震道作为输入，进行处理后，其输出的地震道，被直接作为后面紧接着的模块的输入。

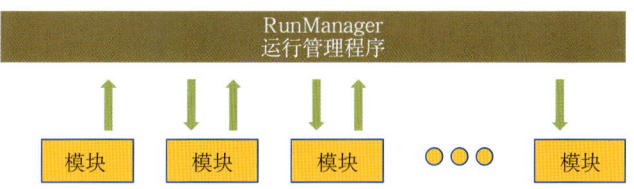

图2-5 OpenSeaseis系统的批量处理示意图

OpenSeaseis处理系统现在的版本没有提供图形用户界面，只通过ASCII文本文件描述处理流程。若增加工作台程序，则可为用户提供便利。图2-6是一个简单的称为"工作台"的互动界面运行时的屏幕截图。该工作台程序是利用Java语言编制的，作为处理系统的前端,可以弥补OpenSeaseis系统只有命令行工具的缺点。通过工作台的图形用户界面可以编辑和发送作业。

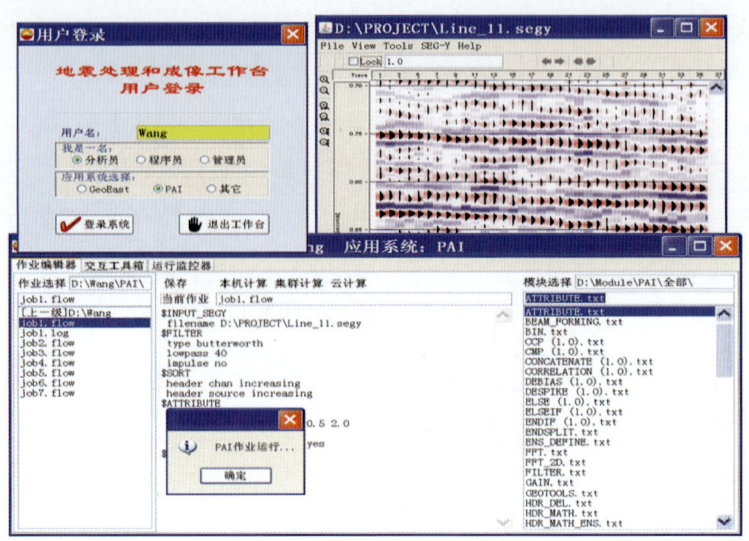

图2-6 一个简单的工作台原型执行屏幕截图

2.5.2 GeoVation地震处理系统基本组成

前面介绍了一个简单的数据处理系统。但简单的处理系统不适用于大规模工业化地震数据处理生产实践。

一个具备工业化地震数据处理能力的系统，例如CGG公司的GeoVation地震处理系统（图2-7），应给地球物理工作者提供项目管理和生产管理的桌面工具(Geodesk)，提供流程作业编辑工具(Jxjob)，以及一系列交互应用程序（Interactives）。GeoVation2013处理系统的架构除了工具(Tools)以外，底层或称基础结构(Infrastructure)组成是用户看不到的，包含有作业管理程序、批量处理模块、地震数据管理器和辅助数据管理等数据存储设施，以及系统的核心成分。GeoVation拥有超过450个批量处理应用功能模块，一系列全套交互处理和质量控制工具，涵

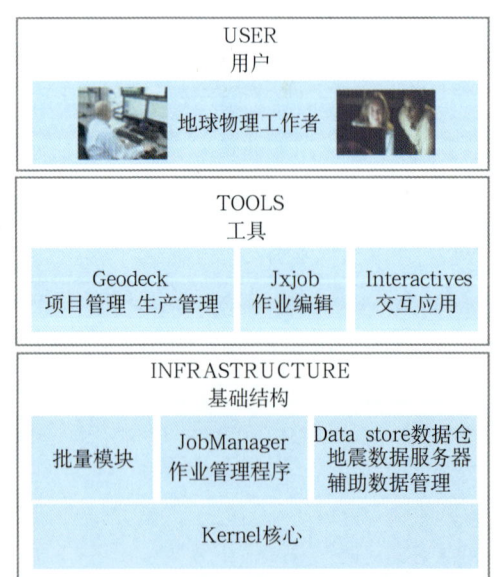

图2-7 CGG的GeoVation2013处理系统

盖二维、三维、四维、多分量和宽方位角地震处理、成像和油藏表征。

2.5.3 Omega2系统基本组成

WesterenGeco的Omega2地震处理系统由5个组成部分：(1)交互桌面，管理地震数据和项目，建立处理流程，显示处理结果，可视化和分析地震数据，交互静层析校正和速度方案；(2)Omega基础结构（Infrastructure），提供数据库驱动的项目模型，自动数据管理，详细历史；(3)地球物理算法超过400个；(4)Omega集成，Omega系统基础算法与利用Petrel可视化软件集成，提供更先进的地球物理工作流；(5) Omega SDK——软件开发工具箱。

Omega处理系统具有六套技术：信号处理和数据整理、时间成像和速度分析、深度成像和速度建模、多分量处理、静态油藏定义、时移地震。Omega处理系统由三个包组成：Foundation Package(基本包)、Time Package(时间包)和Depth Package(深度包)。另外一些先进算法，包括逆时偏移(RTM)、自适应beam、高斯包偏移，以及三维GSMP广义表面多次波预测。

Omega处理系统的地震功能模块用 C++编写，调用子程序库中用 C、C++或 FORTRAN编写的子程序。由于历史原因，Omega处理系统与大部分处理系统一样，均建立在Linux操作系统上。Omega新推出了"Omega on Windows"，保持Linux 版本特色、应用功能和算法，并具备Windows能力和灵活性. 具有全Windows交互桌面及改进的外观和操作方式，快速且容易访问可变规模的Linux集群处理能力和存储磁盘，以及Windows桌面配置管理系统。

2.6 GeoEast地震数据处理解释一体化系统

2.6.1 系统基本组成和特点

GeoEast地震数据处理解释一体化系统V1.0版本的基本组成曾经被概括为"14332"："1"是指主控，"4"是指4个子系统管理程序——作业调度程序、地震执行控制程序、数据服务子系统、外设管理子系统，"3"是指三种类型应用功能——处理、解释和一体化应用，"3"是指三个应用开发框架——交互应用框架、三维可视化交互显示框架和批量应用框架，"2"是指平台——数据平台和通信平台。

GeoEast地震数据处理解释一体化系统的主要特点有：

(1)GeoEast系统可以在工作站上运行,也可以在集群(Cluster)计算机中运行。

(2)GeoEast系统提供主控界面。所有应用功能通过统一的用户工作台的主控界面启动,具有统一的外观和操作方式,便利用户使用。通过主控可实现对数据、流程的多用户、多工区的可视化管理,并支持交互应用间的协同操作。操作员通过控制台可以对作业(进程)进行高效的监控、管理。GeoEast V1.0系统的流程作业编辑器(图2-8)是处理员最常用的工具,由流程编辑(宏观功能流程,支持多次迭代)、模块编辑(自动状态显示,数据名自动分配,QC,分支,多分支)、作业编辑(模块帮助信息,作业名自动分配)、参数编码(参数自动帮助,非主要参数隐藏,多种输入方式)四部分组成。

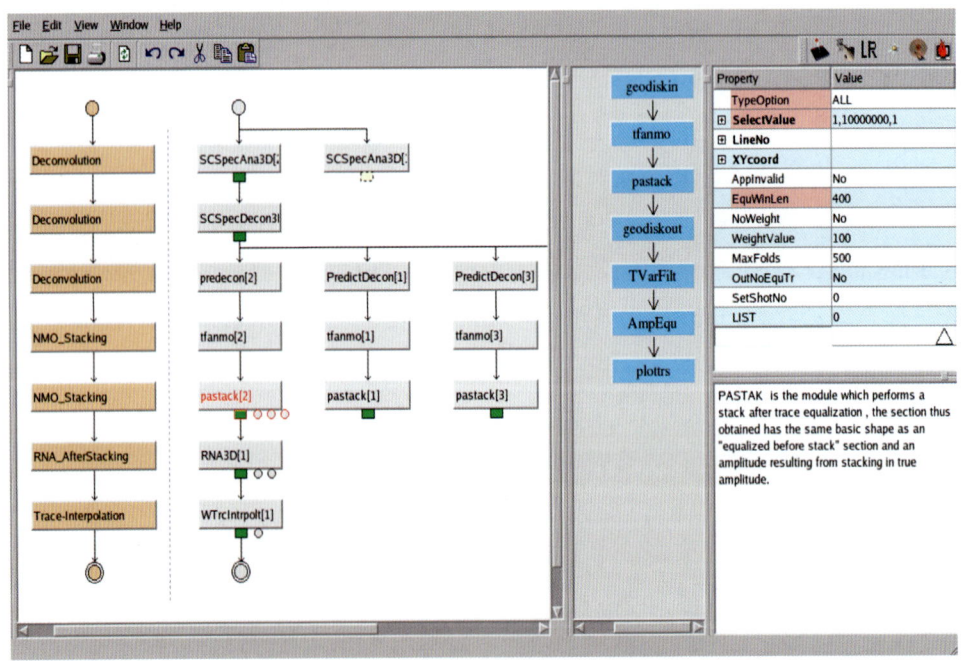

图2-8 GeoEast V1.0 批量处理作业编辑器

(3)GeoEast系统提供应用开发框架。应用模块基于应用框架开发,具有统一的模块结构。框架层次分明,耦合度低(可拆、可组),高度部件化,提供了公共接口服务(如用户接口、数据接口和图形接口)。由于是基于应用框架开发,统一了应用程序员的设计风格,缩短了编程、调试的时间。交互应用框架对应用软件的公共特性进行封装，具有以下特点：统一交互应用的组织特性和控制结构，统一交互应用的开发模式，提供各个应用中公共的器件和公共操作，提供公共的底层支持库，基于面向对象的MVC❶机制实现，可运行于不同的操作系统平台（LINUX、UNIX、Windows）。三维可视化框架为处理、解释、建模软件提供了三维可视化基础开发平台，具有以下特点：采用跨平台的交互三维可视化开发工具，集成了较完备的三维可视化器件，提供了丰富、简洁、灵活、易于扩展的编程接口，封装了复杂的、行业相关的图形学算法，具有灵活、方便的三维交互编辑功能。批量应用框架，提供批量模块标准化的代码骨架，简化编程。

(4)GeoEast系统提供基础系统服务。所有应用模块使用公共的系统服务，屏蔽了系统低层细节，提高了系统可移植性。作业调度服务实现了网络集群环境的作业管理、调度和实时监控，支持对不同部门间分配工作的策略。作业调度程序管理用户传送的作业队列，基于当前作业的混合状况、可利用的资源、部门分布，选择放行的作业。应用程序请求的外设资源不能够满足时（请求的外设资源被占用时）将排队等待，待资源满足后（资源空闲后）才能运行。作业调度程序负责报告下面将放行的作业，以便准备好所需要的磁带。地震执行控制程序(executive)，是地震数据处理系统的核心，如同OpenSeaseis的RunManager，主要功能是负责作业的翻译（把以XML语言描述的作业流程翻译为执行控制所需的作业信息），模块加载（从作业信息中，提取组成作业的模块名信息，动态加载作业所需要的模块），模块分析（调用分析模块获取模块参数，根据分析模块要求，分配私有缓冲区，公共缓冲区，数据通道数等资源等）和模块执行（调用执行模块，管理数据通道，根据模块执行状态，确定下一个需要执行的模块）。数据服务器的主要功能有：监听应用数据请求——监听应用系统发出的数据请求；应用数据请求调度——在获取应用数据请求后，通过调用应用数据接口以将该请求发送到数据库系统，获取相应的数据；返回应用数据请求——在获取相应的数据后，将应用请求所要求的数据返回给应用系统。数据输入输出服务解决了系统常规处理的I／O瓶颈问题，并引进和改进了并行文件系统；设备服务（磁带管理）实现了网络磁带设备共享和可视化管理。

---

❶ MVC(Model/View/Controller)模式是在交互计算软件中比较多见的一种设计模式，包括三类对象：Model是应用对象，View是它在屏幕上的表示，Controller定义用户界面对用户输入的响应方式。

(5)GeoEast系统提供数据管理和通信管理平台。数据平台通过应用接口、数据对象接口、公用接口及物理接口，向应用层屏蔽了所有的数据管理和存贮细节，并实现了对不同数据库系统的兼容，支持系统对数据进行存贮、访问与管理。它具有以下特点：统一的数据模型，统一的数据管理，统一的数据接口，支持多项目、多磁盘管理，支持海量存贮及带库存贮，高度的数据共享，良好的数据安全性，良好的可扩展性，较好的可移植性。通信平台通过分层的设计，抽象了操作系统适配层，对各种操作系统网络协议的差异进行封装，实现了操作系统的透明，可支持Windows、Linux、Unix等多种操作系统，提供单机、局域网环境中进程间信息通信与数据交换功能，支持GeoEast主控与各个子系统（应用）、子系统（应用）之间，以及子系统（应用）内部的通信。支持的通信模式包括：点对点模式、广播模式、数据流网络模式、客户/服务器模式，以及发布/订购模式。

2.6.2 批量处理数据流模型

在前面讨论的地震数据处理系统基本组成中，初看起来批量处理模块好比"过滤器"：前面模块的输出作为后随的下一模块的输入，地震数据依次流经作业流程定义的模块，获得处理结果。但是，实际上，由于地震作业模块输入输出的多样性，不能简单地把模块当作"过滤器"看待。在一个数据流部署的模块中，有的只需要单道地震数据就可以执行，有的需要多道地震数据。这里面临一个问题：模块的输出与后随的下一模块的输入不一定能够匹配。根据输入输出的不同，地震批量处理模块可以分为：(1)SISO（单道输入单道输出）模块，接收一个输入道，输出一道或者没有输出；(2)SIMO（单道输入多道输出）模块，接收一个输入道，输出多道；(3)MISO（道集输入单道输出）模块，接收道集输入、输出一道或者没有输出；(4)MIMO（道集输入多道输出）模块，接收道集输入、输出多道。

GeoEast系统的执行控制程序采用"数据驱动"的方式进行循环控制以满足模块的输入要求，模块间的循环分内循环和外循环。内循环根据作业内模块的输入输出特征，控制它们的运行次数以满足下一模块输入要求，使得道集数据得到完整的处理。内循环可以嵌套内循环，即可以多重循环。若前面模块输出未达到当前模块的输入需求时，前面模块就会被循环执行，直到当前模块的输入需求得到满足。图2-9中模块b数据未满足时,则回退到输入模块;而模块d数据未满足时,则若模块c等待输出回退到模块c,否则若模块b等待输出则回退模块b,否则退回到输入模块。外循环控制负责输出处理完毕的数据道,并请求输入下一个数据道。在这个例子中,在执行了输出模块后,若模块b等待输出回退到模块b,否则若模块c等待输出则回退到模块c,否则外循环控制退回到输入模块。这样的"退回"循环控制由执行控制程序实现(参见2.7.2)。

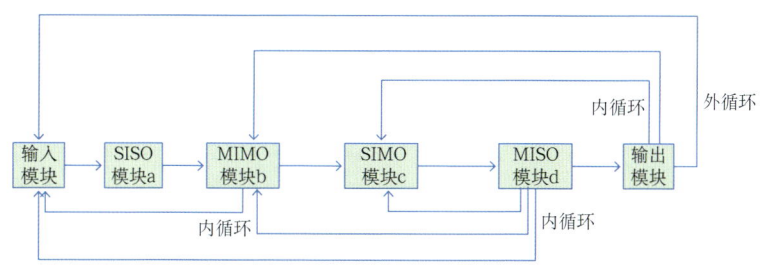

图2-9 数据流循环控制示例

地震数据的输入和输出由GeoEast系统的输入模块和输出模块负责,处理模块只从数据管道缓冲区获取数据,并把处理后的输出放回到数据管道缓冲区。外循环控制也是对处理模块透明的,输入模块检测到当前的输入道到达道集边界或数据结束时,置相关标记,由GeoEast系统的执行控制程序将该标记传递给处理模块。

2.6.3 编程模型

模块是GeoEast系统的基本编程单元,开发人员编写的处理模块必须实现"init"和"process"两个函数,"init"函数在模块初始化阶段被调用;"process"函数在作业执行期间反复被调用。每次从输入缓冲区内取满足计算需求的数据,处理完的数据放入输出缓冲区,模块的这种输入需求和输出状态需要开发人员显式的设置模块状态字(module status word)告知执行控制线程,后者根据该状态字执行内循环。该状态字共有三种状态值:(1)正常状态,即本模块执行需要的数据已经满足,产生的输出已经在输出缓冲区中;(2)等待输入状态,本模块需要的输入没有满足,等待继续输入; (3)等待输出状态,本模块已对输入数据处理完毕,产生的输出部分在输出缓冲区,还有部分等待输出。

图2-10是C语言版本的模块编程模板，GeoEast也支持使用C++和Fortran编写模块，模块在编译生成动态库，由执行控制程序在运行时加载。

```
/* "init"function. 此函数在作业运行时只执行一次 */
void init(int *pbuf, int *ibuf)
{
    获取参数；
    检查参数；
    计算私有缓冲区大小；
    其他程序代码；
}

/* "process" function */
void process(int *pbuf, int *ibuf, int *kbuf, float *trace)
{
if(没有数据道等待输出)
  {
    if(输入道满足)
      {
        执行处理；
        提交处理后的数据道；
        设置模块状态字MSW；
      } else {
        设置模块状态字MSW；
      }
  } else {
    提交处理后的数据道；
    设置模块状态字MSW；
  }
}
```

图2-10　模块编程模板示意图

有关GeoEast地震处理模块编程，可参考《地震勘探应用软件基础教程》[5]。

2.6.4　执行模型

图2-11为GeoEast系统的地震数据批量处理作业流程执行的示意图。为了避免过分复杂化，我们在图2-11中省略了部分环节。

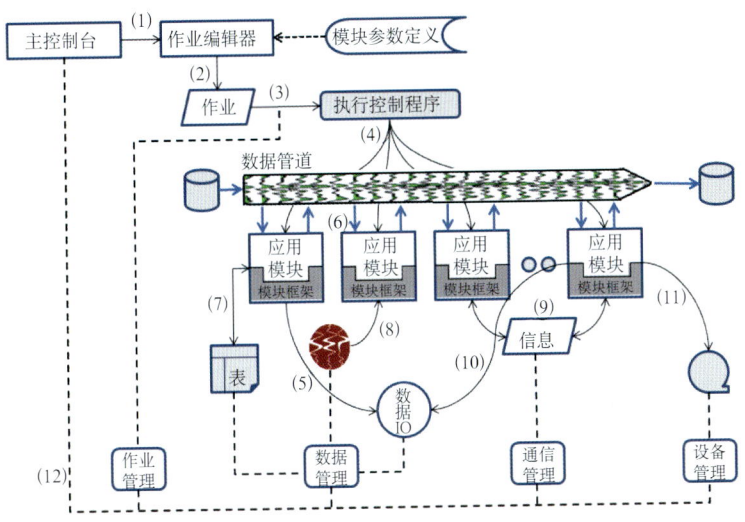

图2-11 地震数据批量处理作业流程执行示意图

图2-11的运行流程简要描述如下：

(1)主控启动批处理作业编辑器。

(2)用户利用图形交互界面和模块参数库编辑作业文件（XML描述），并提交编辑好的地震处理作业。

(3)作业管理（作业调度）程序为用户作业分配作业资源（计算节点）。

(4)执行控制程序依照作业文件（XML描述），动态加载作业中的模块，调用模块执行。模块是基于批量模块应用框架开发，使用模块框架公共构件。

(5)模块请求数据IO（输入输出）服务，从磁盘输入地震数据，数据平台管理地震数据输入，数据存放在流水线数据管道中。

(6)执行控制程序管理数据管道，应用模块从数据管道获得地震数据，处理后放回数据管道。

(7)应用模块使用数据库表。

(8)应用模块使用附加数据集。

(9)应用模块间相互传递信息。

(10)模块请求数据IO服务，将地震数据输出到磁盘，数据平台管理数据输出。

(11)模块请求磁带管理服务，磁带管理程序转储数据到磁带。

(12)主控显示系统状态（作业、数据、设备等）。

下面对这个运行流程中几个主要步骤的关键实现技术要点讨论如下：

步骤(1)： 主控可以通过基于数据树和任务（流程）树驱动数据处理（数据树原是用于现代PC软件设计中，现在一些地震数据处理软件领域也开始应用"数据树"概念）。如今在地球物理软件集成环境主控设计中可实现数据树和任务树（流程树）"双树驱动"，不仅便于操作，而且用户可以随时浏览作业状态和显示数据，进行质量控制。

步骤(2)：基于XML的作业描述。以往在计算机内部描述处理流程均是采用ASC II码文件。在地震处理软件中，利用XML——原来用于Web上表示结构化信息的一种标准文本格式，提高了系统的灵活性和可扩展性。XML在地球物理软件集成环境中还被用于描述地震模块定义库和参数定义库——以往地震处理应用功能模块的格式、输入输出缓冲区均为固定的，而参数值属性也是在模块中编码；利用基于XML的模块定义库和参数定义库定义模块的类型、输入输出缓冲区，以及各个参数属性，如，取值范围、缺省值等，提高了模块类型可扩展性，并可以根据用户要求修改参数定义库中的参数属性，而不需要修改模块程序。

步骤(3)：作业管理是计算机操作系统的职能。但是，由于地震数据处理软件系统建立在Linux操作系统平台上，而Linux操作系统的作业管理（特别是批量作业）和设备管理（特别是磁带设备）不满足地震数据处理生产环境要求，所以在地球物理软件集成环境中，通过增强作业管理和磁带设备管理的能力，以扩展Linux操作系统。

步骤(4)和(6)：可以利用基于回溯法的地震流水线批量处理执行控制实现。"流水线"是一般批量数据处理软件通用的设计模式。但是，由于地震应用模块的种类多，有面向单道处理的模块，也有面向道集和多道处理的模块，在流水线处理设计中，需要执行循环控制。"回溯法"原是人工智能程序设计中的一个概念，在GRISYS系统中就已经被用于地震处理循环控制。不过，GRISYS系统和以往大多系统一样，只实现了单一数据通道流水线回溯法控制。随着地震数据处理流程越来越复杂，要求多通道流水线驱动地震数据处理。基于回溯法多数据通道驱动地震数据处理执行控制算法，是单通道回溯法的发展。

步骤(5)：在地震处理过程中，有时需要输入共中心点、共炮点道集等。为了提高效率，可将数据预先分选为共中心点、共炮点道集等。对于非常大数据集，利用有限的计算机资源进行分选并非易事。一种有效的新的分选技术，是基于Bayer平衡树方法——原来用于关系数据库管理系统的技术。该方法快速，并且只需要少量缓冲磁盘空间，因而能够对非常大的数据集进行分选。此外，可以利用并行文件系统提高输入输出效率。地震数据处理和解释既是计算密集型，又是数据密集型。集群计算机（PC Cluster）源于普通PC和普通网络技术，因而具有高的性能价格比，但由此也产生了输入输出和节点间通信能力的限制。所以，地球物理软件环境集成环境需要高性能分布式文件系统的支持，满足数据存储需求和文件共享需求，克服传统分布式文件系统性能低、可靠性差、规模小等问题，明显提升系统输入输出性能。

2.7 地震批量处理运行控制技术

2.7.1 地震批量处理控制机制

地震处理系统一般提供的标准的执行控制机制有：(1)顺序控制。流程的模块计数器指向下一个模块。(2)循环迭代。重复模块序列，直到满足一定条件（主要是指满足模块需要的数据）。(3)条件转移。如果条件为真，转向指定位置，否则执行下一个模块。(4)子流程。转向一定位置，执行一组模块，然后返回到子流程调用的下一模块。

2.7.2 顺序控制和循环迭代控制

顺序控制和循环迭代控制是基本的控制，所有地震处理系统都必须支持这些控制机制。如果采用前面讨论的如同GeoEast系统的处理模块编程模型，模块执行返回状态有三种（图2-12）：正常状态（PPOR=1）、等待输入状态（PPOR=2）和等待输出状态（PPOR=3）。模块返回正常状态时，执行控制程顺序调用下一个序号模块。至于等待输入状态和等待输出状，执行控制程序通过设置一个模块执行栈(stack)进行控制：若模块返回等待输出状态（包括输入模块在数据输入未结束时），由执行控制程序将其模块序号进栈（push(i)），保存模块序号在栈中，而若模块处于等待输入状态，则可以由执行控制程序从栈中得到需要回溯到的模块序号(pop( ))。

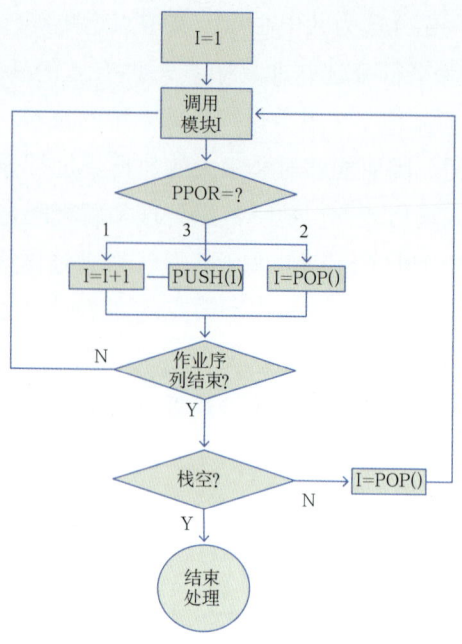

图2-12 顺序与循环控制示意图

2.7.3 条件转移和子流程控制

可以有四种不同的条件转移定义方式(图2-13)。

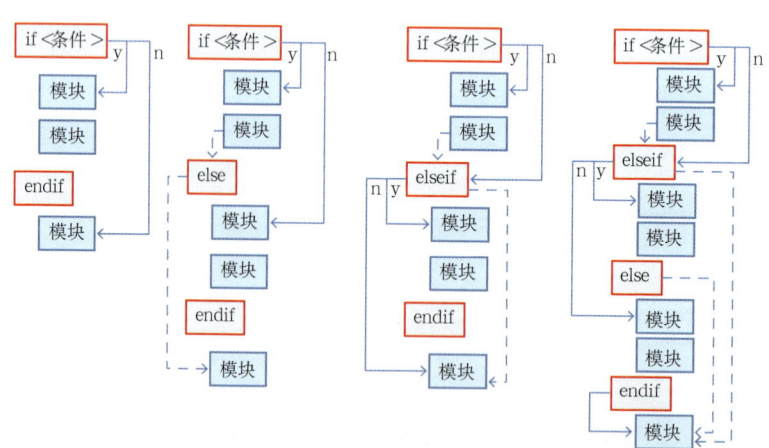

图2-13 地震处理中的条件转移示意图

上述讨论的<条件>，可以在地震作业中用if模块的参数指定，形式为

header=select

这里的header可以是source，trace，CMP或Hn(道头字n)。而select是表达式，例如：100-200(选择道头字值在100～200范围内)；100-200(5) (选择在从100到200每第5个数，开始为100)；!1000(选择除了1000以外的值)；<1000(选择小于1000的值)。另外，可以有多个道头选择表达式，用分号";"分割，只有当要求的所有道头选择表达式均为真，才认为满足条件。

利用前面介绍的如同GeoEast系统的处理模块编程模型，通过运行管理程序(执行控制程序)保持一个if栈（stack），检查模块if与模块elseif或模块else，以及模块endif是否匹配，以及通过登记在IF块中的流程后继模块顺序，容易实现条件转移控制。

在地震数据处理中分支执行控制，还可有两种表述形式：其一，switch header—case select—break—endswitch，根据道头header的不同选择，不同数据道执行不同模块序列(图2-14a)，与前面讨论的if块类似，在如同GeoEast系统的处理模块编程模型，可以容易实现；其二，split—resume，对于所有数据道执行若干不同模块序列(图2-14b)，这种分支流处理，早在GRISYS处理系统就已经具备。

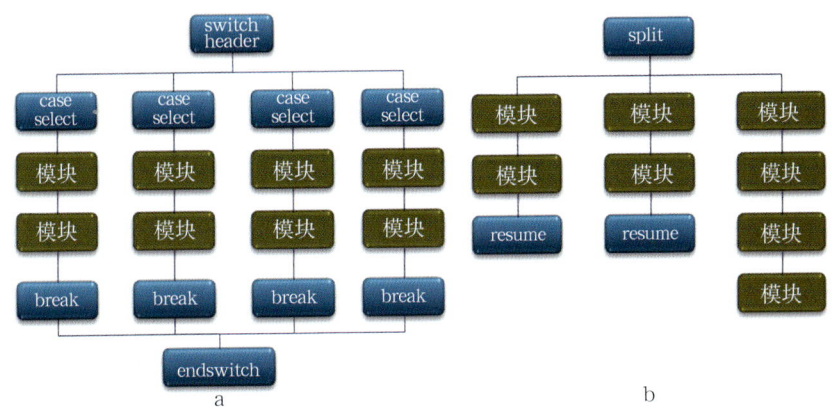

图2-14 switch-case条件转移(a)和分支控制(b)

子流程控制在概念上如同在计算机科学中的子程序（Subroutine，是一个大型程序中的某部份代码，由一个或多个语句块组成。它负责完成某项特定任务，而且相较于其他代码，具备相对的独立性）。在地震批量处理作业中用户可以将若干模块序列定义为子流程，并赋予名字(如B1，B2)，还可以定义这些子流程执行的顺序和次数，如X(YB1+B2)表示对子流程B1执行Y次循环（Y表示循环次数为道集中的道数）后执行一次子流程B2，如此反复循环X次（X表示直至所有的数据处理结束）。

2.8 地震数据组织

2.8.1 SEG地震数据标准格式

勘探地球物理学会(SEG)开发了一系列标准的地震数据磁带格式（图2-15），其中有：SEG-A（1967年发布）、SEG-B（1967年发布）、SEG-C（1972年发布）、SEG-D（1975年发布，2009年rev3.0）、SEG-Y（1975年发布，2002年rev1）和SEG-2（1990年）等。所有地震数据格式应包含基本的信息有：炮号、FFID、道号、激发日期时间、采样间隔、记录时间、样点总数等采集参数。完整描述采集参数和地震数据组织需要提供许多信息。

2.8.1.1 SEG-Y格式

SEG-Y标准是设计用于在IBM九轨磁带上存储单测线的地震数据。随着更大、更复杂地震数据集的出现，已经有不少的演变。图2-15是SEG-Y格式示意图。其中包含3200字节EBCDIC卷头、400字节二进制卷头，对于每个地震道有240字节道头和二进制道数据。

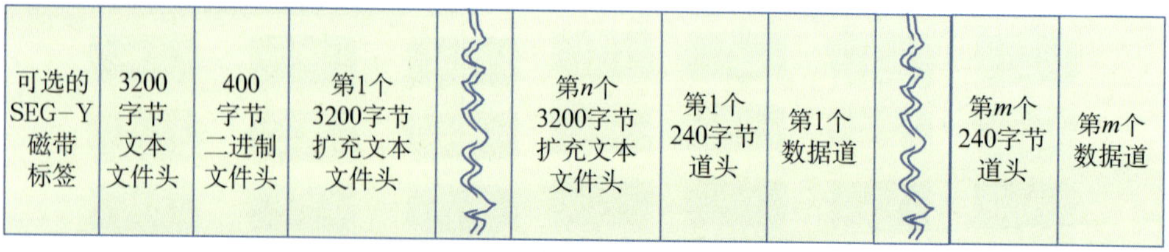

| 可选的SEG-Y磁带标签 | 3200字节文本文件头 | 400字节二进制文件头 | 第1个3200字节扩充文本文件头 | ～ | 第n个3200字节扩充文本文件头 | 第1个240字节道头 | 第1个数据道 | ～ | 第m个240字节道头 | 第m个数据道 |

图2-15 SEG-Y格式地震数据磁带

400字节的二进制卷头由2字节和4字节的头数据项组成，定义文件中道数、道的排序、采样点的格式（表2-1）。

表2-1 SEG-Y格式二进制卷头的开始28个字节定义

字节号	说明
3201—3204	作业标识号
3205—3208	测线号
3209—3212	卷号
3213—3214	每个记录道数（包括Dummy道和零记录道）
3215—3216	每个记录的辅助道数

续表

字节号	说明
3217—3218	本卷带的采样间隔,以微秒表示
3219—3220	野外记录采样间隔,以微秒表示
3221—2122	本卷每个数据道的样点数
3223—3224	野外记录各数据道样点数
3225—3226	数据采样格式码: 1=4字节IBM浮点;2=4字节二的补码(整数); 3=2字节二的补码(整数);4=4字节定点带增益码; 5=4字节IEEE浮点;6=当前未用;7=当前未用; 8=1字节二的补码(整数) 辅助道的每个采样使用相同字节数
3227—3228	道集覆盖——每个道集期望的数据道数(如CDP覆盖次数)

240个道头包含2字节和4字节道头项(表2–2),定义道中采样点数、采样间隔和道间距等信息。

表 2–2 道头的开始 16 个字节

字节	说明
1—4	在线内道顺序号——如果同一线跨多个SEG–Y文件,连续编号
5—8	在SEG–Y文件内道顺序号——每个文件开始为道序号一
9—12	原始野外记录号
13—16	原始野外记录里道号

文件包含卷头(3600字节)、道头(240字节)、道数据([记录时间/采样间隔]×4字节),单炮文件大小=卷头+道数×(道头+道数据)。

2.8.1.2 SEG–D格式

SEG–D格式比SEG–Y简单、灵活、可扩充性强,但使用时读取比较麻烦。每炮数据为单独的文件(图2–16)。

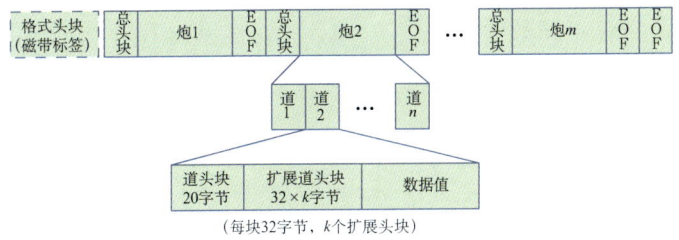

图2–16 SEG–D格式地震数据磁带

表2–3是SEG–D磁带标签的说明。SEG–D总头块(32字节),含有文件号、

格式码、扫描字节数目、采样间隔、极性、记录类型、记录长度、扫描类型、通道组数、扭曲块数目、扩展头块数目、外部头块长等基本信息。其中：道序格式码为：8015，8022，8024，8042，8044，8048，或8058。

表 2-3　SEG-D 磁带标签

字节	说明
1—4	存储单一序号
5—9	SEG-D修订版本号
10—15	存储单元结构(固定的或可变的)
16—19	装订版本
20—29	最大块尺寸
30—39	API为生产商编制的代码
40—50	建立的日期
51—62	序列号
63—68	预留
69—128	存储组标识符
129—140	外部标签名
141—164	记录的实体名
165—178	用户定义
179—188	每个字段记录的最大炮记录数

地震数据输入时提取的主要参数：(1)道长、采样间隔、每道样点数据；(2)野外文件号、通道号、每炮道数、道类型；(3)炮序号、道序号（一般系统内部给出）；(4)辅助道号、辅助道数；(5)缆线号（接收线号）、排列上道号、炮线号；(6)炮点号、检波点号；(7)覆盖次数、炮检距；(8)极性、震源类型、检波器类型；(9)P1/90或SPS辅助数据。

此外，还应该注意两个有关格式的问题：(1)字节交换：大端（标准）和小端。(2)SEG-Y格式小的差异，例如，32字节IBM与32字节IEEE；16字节与32字节与64字节。

2.8.2　商业软件地震数据组织

大多数处理软件都用自己的数据格式存放地震数据以便更有效处理，包括BGP、WesternGeco、CGG。我们这里介绍Paradigm公司的Epos数据管理系统的地震数据组织和Landmark R5000地震数据格式。

对每个Epos项目，工区和井数据库都有一个数据库目录和一个分开存储的大块数据目录。所有数据库目录和大块数据文件目录均需要是Epos服务器可访问的（通过NFS）。6种不同类型数据中每种可以分配给一个或多个目录：(1)PROJECT——用于项目和工区数据库目录（项目数据库处于名字与项目名字相同的目录中，在项目建立时候选择，以后不能够改变）；(2)SEISMIC——用于Epos工区大块数据目录；(3)INTERPRETATION——用于Epos项目和工区解释数据目录；(4)VFUNC——用于Epos工区垂直函数（如速度曲线）的数据目录；(5)WELL——用于Epos井数据库目录；(6)APPLICATION——用于Epos项目和工区应用特殊扩充数据目录。

工区数据库处于与工区同名的目录中，工区（Survey）目录包含PSDB.db文件，这是SQLite数据库，存放有工区几何和定义、二维测线几何、地震数据编目（catalog）、地震大块数据路径等。工区大块数据目录，主要有三种类型大块数据：地震（道）数据、解释（Interpretation）数据和垂直函数（Vfunc）数据。每种大块数据存放在位于大块数据路径不同数据库中。解释（Interpretation）目录包含IDB.db文件，是SQLite数据库，存放有解释数据编目。垂直函数（Vfunc）目录包含VFDB.db，是SQLite数据库，存放垂直函数数据编目。在Epos中，采用SQLite数据库管理系统，其特点有：(1)SQLite对数据库访问的性能很高，比Mysql和PostgreSQL快得多。(2)SQLite体积小，内存资源要求少。(3)SQLite支持事务ACID（即原子性、一致性、隔离性、持久性）。(4)SQLite支持ANSI SQL92大多数标准，提供查询、视图、触发器机制。(5)SQLite接口提供了C，JAVA，PHP，Python，Tcl等多种语言API。

在Epos中，地震文件由包含数据的大文件和较小的次级文件组成：(1)描述文件<filename>.pds。(2)道文件<filename>.traces.extx (x=0，1，2，...) 和 <filename>.traces。(3)dat文件<filename>.dat。(4)头 File <filename>.headers.extx，(x=0，1，2，...) 和 <filename>.headers。(5)Pkey文件<filename>.pkey。(6)idx文件<filename>.idx。

其中，文件类型如下：<filename>.traces.ext$X$，<filename>.headers.ext$X$ 是二进制文件，存放硬信息（不能够编辑）；<filename>.traces，<filename>.headers 是ASCII 文件 (如果有问题可以编辑，如果被删除可以人工建立)；<filename>.pkey是道索引文件。

Epos 4.0支持不同文件结构组织，用于存放地震和属性数据：(1)道结构：道文件是任意位置道的集合，不需要组织成规则结构。按照道文件存储的文件有：通过SEG-Y Import/Export实用程序或ULA加载到系统去的、或由软件建立的文件；系统建立的三维叠前叠后数据集。(2)体结构：体文件是三维体规则采样的数据集合，有下列结构。①稀疏结构：稀疏体文件具有一系列inline或crossline段，每个段可有不同的开始和终止号；线不必按顺序，线间可以有间隙；为了定位需要.pkey索引文件。②充满结构：一个充满的数据体包含数据属性立方体cube，是工区体的规则子集。③砖块（Brick）结构：用于解释，各个方向存取一样快速。Brick文件没有 .headers文件，有.pds和.dat文件。④抽稀砖块（Decimated Brick）结构：用于显示的低分辨率的Brick文件。

Landmark R5000引入了两种新的三维地震数据格式——砖块（Brick）格式和压缩格式，以补充原有的时序格式（文件后缀.3dv）和时间切片格式（文件后缀.3dh）。

Landmark的叠后数据加载程序和三维批量处理监控程序，以及地震数据转换实用程序，也允许用户建立砖块数据体。砖块的维数可按照用户环境和工作流程的需要设置。例如，如果在解释过程主要用inline，可设置inline方向为小维度。另一方面，如果inlines（线）、crosslines（道）和任意线工作机会均等，可以建立inlines维和crosslines维相等，而时间/深度维较大。Landmark提供四种建立砖块体的标准选件（表2-4，图2-17）：Inline—优化inline显示性能，Crossline—优化crossline显示性能；Horizontal—优化 timeslice显示性能；Any Vertical—任意垂直显示性能均是标准的，对于检索inlines、crosslines和任意线地震道均有好性能。

Landmark还提供压缩体数据格式，压缩比达到20以上。压缩体的砖块维数总是$8×8×8$。Landmark的批量监控程序和地震数据转换实用程序，可以把.3dv文件和砖块文件转换为压缩体。

表 2-4　Landmark 砖块格式缺省维度

数据体类型	线维度	道维度	时间/深度维度
Inline	1	32	32
Crossline	32	1	32
Horizontal	32	32	1
Any Vertical	8	8	16

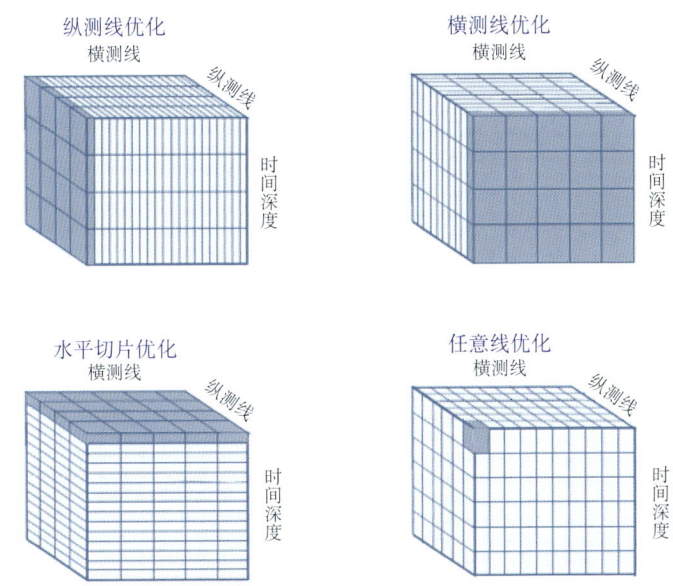

图2-17　Landmark四种砖块体选件示意图

利用Landmark数据压缩工具，可以把高保真的32-bit数据压缩为8-bit数据，以节省存储空间。压缩的数据可以沿inline（线）、crossline（道）、任意线和时间切片存取。这些压缩数据体的子集也可以用于三维应用程序高性能可视化和解释。

2.9　小结

地震数据处理软件是所有油气勘探中最早发展和最重要的软件工具之一。而批量处理技术，是地震处理软件中最早发展和最重要的软件技术之一。软件系统设计，不仅需要设计上层工具(Tools)，还要设计基础结构(Infrastructure)。

软件重用是降低软件成本的主要方法和技术，其发展历程可以概述为：20世纪60年代的子程序重用、20世纪70年代的模块重用（传统的面向过程）、20世纪80年代的对象重用（类库，代码级的重用）、20世纪90年代的构件重用，如今进入系统重用——基于设计模式和应用框架的软件开发（不仅代码级重用，而且分析和设计也重用）。当前，可重用的面向对象软件系统一般划分为三大类：应用程序、工具箱（Java的API属于工具箱）和框架（构成一类特定软件可重用设计的一组相互协作的软件），这方面我们在下一章进行讨论。

参考文献

[1] 王宏琳. 地震软件技术. 北京：石油工业出版社，2005
[2] Parnas D. On the criteria to be used in decomposing systems into modules. Communications of the ACM, 1972, 15(12)：1053～1058
[3] Morozov I B. 3D seismic processing monitor. *Computers & Geosciences*，1998，24 (3)：285～288
[4] Chubak G，Morozov I. Integrated software framework for processing of geophysical data. Computers & geosciences，2006，32(6)：767～775
[5] 王润秋，罗国安. 地震勘探应用软件基础教程. 北京：石油工业出版社，2013

3 交互计算

3.1 交互处理与成像

3.1.1 地震数据交互处理

早在1986年,Peter Mora曾经讨论过地震学家"把地震记录送进计算机,等待输出地下模型"的梦想和现实[1]。二十多年过去了,如今距实现地震数据"自动处理"和"自动解释"的梦想仍然遥远。相反,"交互处理"和"交互解释"技术取得了长足进步。

地震数据交互处理也称为"人机联作"的处理过程:地震数据处理人员在交互工作站输入指令,计算机显示指令执行结果。"交互"意味着计算机和处理人员处于对话状态——计算机有足够的内存和计算能力,能够快速响应处理人员的指令。如果处理人员对响应不满意,可以修改指令。

很难设想用全自动的系统处理地震数据。地质结构和记录的数据往往非常复杂,难以用一个通用的反演公式来表达地震反射数据,因为一般不能完全只根据数据确定反射系数和速度结构。在目前和可以预见的未来,地震数据的精确成像,仍然需要处理分析员专门的经验和技能,需要"人机结合"。直到目前,地震成像基本上采用批量处理方式,而不是交互方式,即只有在处理软件产生了最新的图件以后,分析员才能发挥其经验和技能。

地震交互处理工作站出现于1987年。早期的地震数据交互处理定义为在工作站上对数据的子集进行人机联作处理分析,在实时的质量控制基础上,再对全数据集进行批量处理(图3-1a)。随着计算机网络集成化环境的发展,交互处理已经发展为解释性处理,即在集成环境下,利用迭代模型指导交互处理(图3-1b)。

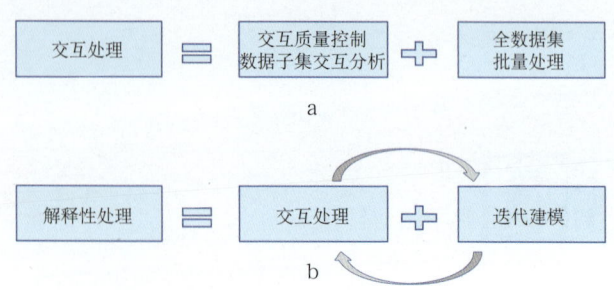

图3-1 早期交互处理(a)和解释性处理(b)的概念

交互处理有助于处理人员选择最好的处理模块、最佳的处理参数，通过显示质量控制图件，使得整个处理流程能够顺利执行。通用的交互处理工具包括作业流程建立、地震数据分析和质量控制。特殊交互处理工具包括交互速度分析、交互静校正计算、交互速度建模等。例如，WesternGeco的Omega2处理系统的交互工具包括：数据集管理、数据集历史、作业流程编辑、作业显示、交互速度分析、交互拾取、打印显示等（图3-2）。一种称为"数据驱动交互处理（Data-Driven Interactive Processing）"的技术，可以用于更有效地处理不同规模的地震数据。为使比较小的二维和三维勘探项目能够快速周转，或者大型三维数据体处理参数精细优化，现代地震数据处理系统提供交互和数据驱动处理的接口。在数据驱动处理中，地震参数的值是从显示在屏幕的数据中选择，而地震处理模块是逐步地增加并直接执行。在后台，构成整个处理序列并保存为地球物理语言，可以作为对数据执行的交互处理模块的记录，或作为对大数据体驱动批量处理任务。数据驱动交互处理也可以称为交互处理和批量处理一体化。

随着三维可视化技术的发展，三维可视化交互处理系统正在成为地震数据处理的集成引擎。例如，三维可视化允许联合显示叠加剖面及其相关联的、作为伪三维体的叠前数据。沿着测线，叠加的结果可以覆盖上速度场，并可以与未叠加的CMP道集比较，这样可以实现质量控制。三维可视化交互处理可以用于：数据处理流程比较和QC、地震叠加速度拾取和QC、深度模型建立和QC、剩余延迟分析/QC、炮记录初至拾取、快速识别噪声/消除噪声、静校正分析、AVO分析、四维（时延）分析、多分量分析、地球物理属性分析计算等。

3 交互计算

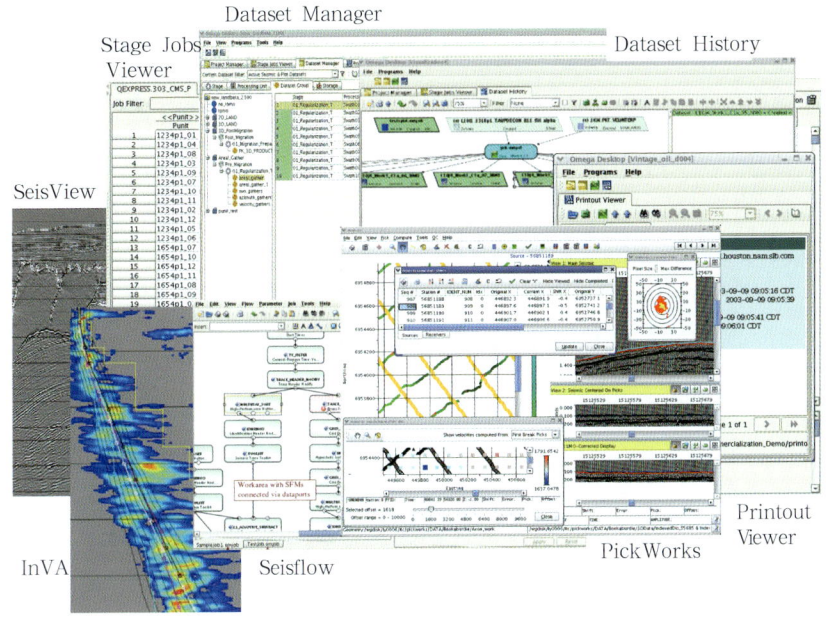

图3-2　WesterenGeco的Omega2011部分桌面工具

3.1.2　地震数据交互成像

地震交互处理系统可以提供一系列有效的机制，帮助地震处理人员选择适当的成像参数，以便产生精确的地下图像。

现代地震处理中心使用PC集群计算机。在计算机集群系统环境下，地震交互成像系统改变了传统的批量处理和早期交互处理方式，以便能够更大程度地发挥处理分析员的能力。这里"交互"的含义是，当地震分析员调整成像参数时，能够足够快速地更新显示图像，在分析员与成像机器间建立一种循环反馈关系。这样的交互响应，比传统地震处理系统，更能够充分发挥分析员的才能。交互成像的另一优点是可以使地震数据处理的过程大大简化，而且能够自动产生一个成像的流程历史。地震交互系统可以成为一个杰出的培训工具，它不但具备与数据和成像参数相互影响的能力，它也是可编程的，可以作为试验算法的好平台。地震交互成像系统应该具备如下交互计算能力：

(1) 交互电影——地震分析员的任务有两重：①对给定的数据集选择适当的成像步骤；②选择适当的成像参数，以便产生精确的地下图像。理想的成像系统应该使分析员能够检查每个参数，观察参数选择的影响，并调整参数以便获得最佳的效果。在常规的实践中做这件事非常麻烦，需要产生几百个图件、处理几十遍数据。而地震交互系统能提供有效的机制完成这样的任务。地震交互系统保持整个数据体在线，可随机存取。可以在屏幕上快速装配和显示任何"道集"。对于"道集"序列，每秒可以显示数个"道集"，称为"电影"。利用电影可以观察和编辑数据，对数据分组并调整成像参数，可以最自然地显示这些参数的影响。例如，"炮集"电影使分析员可以快速识别坏炮，并观察"地滚波切除"的精度；"共中心点道集"电影可以用于观察动校正的拉伸切除；"共接收点道集"电影允许分析员发现有问题的地表条件；"常偏移距道集"电影可以用于发现与偏移距有关的特征变化。这样，分析员可以在几分钟里按照各种组合观察整个数据体，并在任意点停下来，交互地调整成像参数。

(2)交互聚焦——某些参数在复合图像中的影响，比在原始数据道集中更明显。例如，偏移速度的影响只有在偏移后的图像中呈现。最好在调整成像参数后，分析员能够立即看到对图像的影响。我们称这样的能力为"交互聚焦"，类似摄影师在进行照相机聚焦时，通过探视镜观察图像。典型的聚焦技术是在聚焦不足和聚焦过度之间反复交替，逐渐减少成像参数变化的步程，达到最佳聚焦。任何地震分析员都很容易识别偏移不足和偏移过度的图像，能够从一个到另外一个平滑过度，调整优化速度模型。这样的过程使得分析员可以测试反射层的强度和走向。另外一些参数，例如在反褶积滤波中用的参数，也可以交互地确定。

(3)交互解构——分析员的另外一个任务是诊断地震成像中的问题，尽可能消除在图像中由于各种原因产生的污染，至少要能够识别出来。为了帮助分析员做到这一点，地震交互系统提供一种所谓图像解构的技术。图像解构允许分析员用光标指在图像上的某个特征，调出产生它的共中心点道集。同样，分析员还可以显示为这个中心点道集提供数据道的任何炮点道集或接收点道集。这时分析员可以利用道集电影，研究感兴趣的特征。通过图像解构，把图像点返回到原始数据，分析员有了附加工具来识别真正反射层。

利用地震交互成像系统，地质家可以直接参与数据处理分析的整个过程，真正实现"人机结合，以人为主"。作为地质家的用户可以用交互成像系统获得与成像构造的特征和属性有关的有用信息。构造地质家如果使用交互处理系统，可以更加彻底和动态地理解处理流程产生的静态剖面。作为分析员角色，可以利用地质约束和直觉知识，改善成像过程。我们这里继续称分析员，因为我们相信，通过使用交互成像，地质家与分析员之间的差别将不存在。正如前面提到的，构造地质家的主要任务是解释地震剖面，产生勘探区域的地质剖面。解释步骤包含建立地震模型，可能把它作为成像过程的输入模型。这样产生的图像非常类似原来做过解释的图像，否则有理由怀疑模型的精度。地震交互系统应该允许地质家在重新计算成像时，尊重解释结果。这样的过程，将会进一步消除成像和解释之间、地质家和分析员之间的屏障。

3.2 交互处理和成像系统结构

3.2.1 系统结构模型

图3-3是一个地震交互处理和成像统的模型。该模型系统由5个主要部分组成[2]：(1)并行的在线地震道数据管理程序；(2)高性能的并行计算引擎；(3)并行的图形显示管理程序；(4)参数数据库管理与运行监控程序；(5)基于窗口的交互用户界面。地震道数据管理程序进程负责为计算进程提供地震道数据，足够高的传输率使得计算进程一般处于忙的状态。计算进程产生图像，交付显示管理程序在屏幕上显示。用户通过调整成像参数，激发这个处理序列。系统设计保证用户动作和图像更新之间延迟时间最小。如果延迟时间足够短，成像将成为真正交互式的。地震交互系统设计为灵活的、可编程的成像系统。该系统实际上是两个层次。第一层次是一组系统级程序，通过简单的库接口就可以使用。地震道管理程序和显示程序是系统级程序。这种设计用于对应用程序员隐藏实现细节。第二层次是应用层，建立在第一层次上。用户界面和地震处理功能是应用层部分。系统软件设计使得开发自定义的用户界面和处理功能需要的工作量最小化。

把系统软件和应用模块区分开有三个优点：(1)系统是可定制的，允许增加新的成像算法和用户界面技术。(2)系统是可移植的，在应用端只需要少量工作。例如，无论平台是消息传送型的计算机集群、工作站网络，还是共享内存计算机或单处理器系统，与地震道管理程序的应用接口是相同的。(3)系统是并行化的。地震道管理程序与显示管理程序并行工作，并对应用程序员隐藏，可以大大简化编程工作。

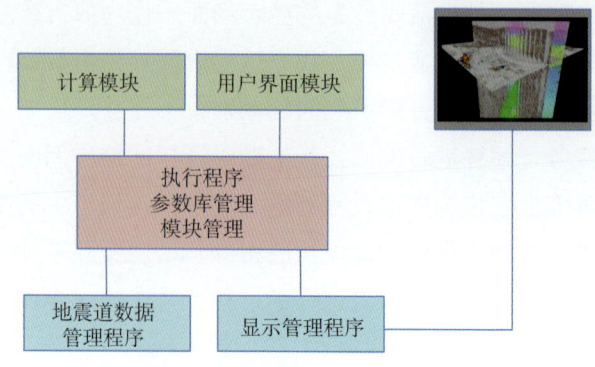

图3-3 交互成像系统5个主要部分

为了执行交互聚焦，计算引擎必须具备并行处理的能力，地震道管理程序每秒需要提交几千地震道(每道大约8~24Kbytes)数据给计算过程。由于这些地震道实际上存储在GB级甚至TB级的数据体中，简单计算表明，在当前的磁盘驱动器技术下，数据输入的限制因素是磁盘搜索时间，而不是总体传输率。解决问题的方法是许多磁盘并行工作，才能提供所需要的性能。最后，为了更快速显示地震"道集"电影，也可以通过多个节点并行工作。当然，综合性能问题可以通过建立专门的机器，或定制输入/输出设备到现有的超级计算机来实现。选择PC集群的商业化硬件，原因有两个：一是容易扩充，二是系统造价便宜。

地震道数据管理程序——从应用程序员的观点，地震道数据管理程序(以下简称道管理程序)，包含下面两个主要功能。(1) 数据请求——请求道管理程序将某些数据(例如一个炮集数据)提交给发出请求的进程；(2) 获取数据——在数据请求调用后，重复调用，每次返回一道，直到没有剩余道或无法满足请求。因为接口简单，应用程序员不需要知道道管理程序实现的细节。每个道管理程序含有一个数据道文件(包含了地震勘测的数据部分)和一个道索引表(包含了关于数据道的信息)。在地震交互系统中，数据道可以存储在磁盘中，也可以存放或暂存在进程存储器中。单拷贝的地震勘测数据平均散布在所有地震道管理程序进程中。当计算进程调用数据请求时，地震道管理程序搜索道索引表，产生满足请求的二级表。在大多数情况下，每个计算进程有一个请求表。如果有多个计算进程，就可能有多个现行请求表，道管理程序从数据道得到数据，把它们交付发请求的进程。在交付前，道管理程序可按照发请求进程的命令，执行简单的预处理，例如：静校正、切除和NMO。

显示管理程序——显示管理程序是用于对应用程序员隐蔽实现细节的。它包含两个子程序调用：(1)提交一个"数据道"给显示管理程序绘图；(2)通知显示管理程序图像已经完全。显示管理程序在其缓冲区存放图像，直至接到用户接口通知信号，它拷贝或组装图像到视频存储器，并显示。因此应用接口允许用户完全控制显示的内容和电影的速率。

用户界面——在用户界面与计算进程间需要的通信，通过系统级的参数数据库与运行监控程序完成，按键字/内容对形式存放信息。当选择或修改图像参数时，由用户界面应用软件把参数组装为字节流，并发送存放到数据库中。数据库管理程序产生的数据库事件，与数据一起传送给计算进程。事件驱动机制与其他管理控制流方法相比有许多优点：(1)允许系统级软件提供用户界面与计算进程间的通信；(2)系统不需要具备任何有关信息内容的知识；(3)用户不需要知道通信方式。数据组装和拆装只是在用户提供的进程中进行。例如，可以用SUN公司的XDR程序组装数据，这又解决了不同主机和计算进程的字节顺序差异问题。

执行程序——计算进程包含两个部分：(1)执行程序(系统级的框架)；(2)用户定义的应用级处理模块。执行程序包含主要的通知循环，处理数据库事件和用户定义的模块的分布式控制。应用程序员提供模块注册通知函数和模块关注的数据库事件。例如，"道集"绘图模块可能依赖静校正数据库，而产生叠加剖面的模块可能依赖速度库和静校正库。引入数据库事件通知机制，当且仅当该模块已经注册对特定数据库事件关注时，其通知函数才被激活。这个接口大大简化了增加新的处理模块或参数的过程。

计算——用户定义的模块可按照应用程序员选择的方法执行地震成像计算任务。在图3-5表示的计算进程中，在用户模块被调用的时候，首先从数据库中获取有关参数，这些参数可能是处理参数(如速度模型)或特殊信息(如对需要处理数据的说明)。在获取参数后，模块通过数据请求调用，向"地震道数据管理程序"要求适当数据。然后循环调用获取数据、执行计算、执行对于处理后道绘图的调用。如果需要多道数据，例如建立叠加剖面，模块可能循环多次数据请求。当完成成像，模块通知显示管理程序，用户模块返回到调用它的进程。计算机集群并行计算的实现方案见图3-5。图中有字母的方框表示节点："道管理程序"进程标为"T","计算"进程标为"C","显示"进程标为"D","H"为"主服务器","WS"是客户端"工作站"。每个道管理程序有两个磁盘,两个处理机配有磁带机。节点间的线表示通信通道。在图3-5所示的计算机集群例子中,有4个节点(T)用于道管理程序(其中,两个节点控制磁带机,用于初始装入数据);有8个节点(C)用于计算进程; 有2个节点(D)用于显示管理程序;利用工作站(WS)作为用户界面。由于隐藏了道管理程序、显示管理程序和数据库的实现细节,大大简化了程序设计任务。而计算进程并行化是不能够对应用程序员隐蔽的。在大多数地震成像任务中,可很容易地实现计算进程数据并行化或区域分解并行化。

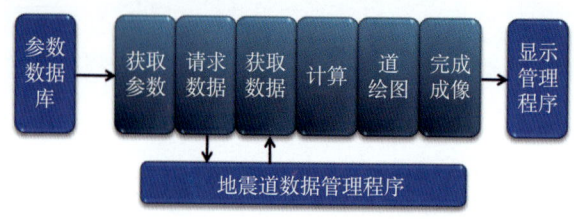

图3-4 计算进程示例

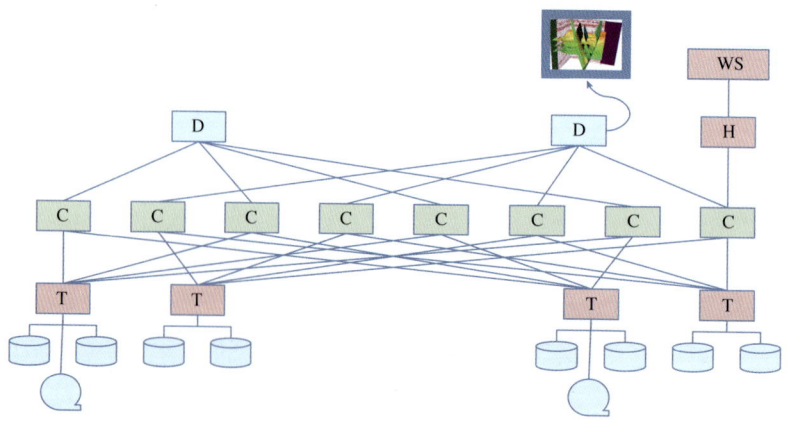

图3-5 在计算机集群进程布局

3.2.2 Internet环境地震处理和成像

Internet处理是地震处理和成像的新的服务模式[3]。在这样的模型下,分析员不必关心操作系统和软件版本,以及买什么软件和硬件。地质家和地球物理家可以专心于地学和勘探目标,不必为复杂的计算机问题操心。地震交互成像系统的网络版本,可以用JAVA语言写成客户/服务器软件包,具备移植性,只要有JAVA

运行环境即可。

在地震交互处理和成像系统中，只有用户界面部分在客户端运行。为了建立灵活的动态系统，图形用户界面的客户端用JAVA编程，允许客户端移植，跨本地网络或广域网的任何计算机类型。地震交互系统的服务器执行程序，也用JAVA编写，处理与客户端的通信问题。图3-6是一个简单的客户/服务器处理系统方案，包括GUI、地震应用软件和一个灵活而又动态的系统。

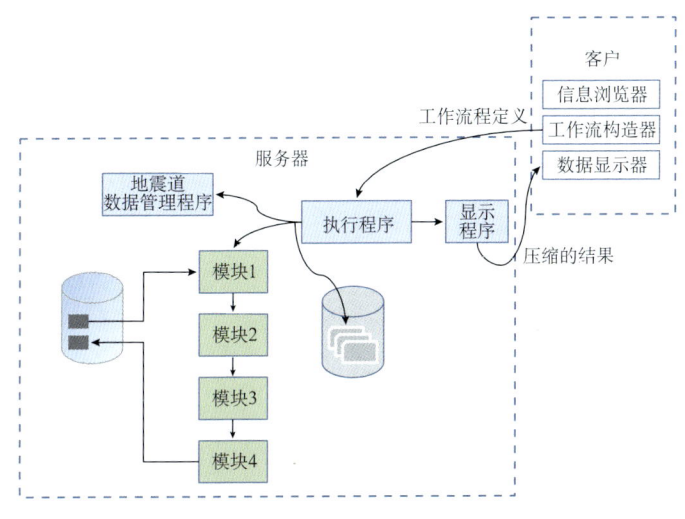

图3-6　Internet环境下的地震计算

JAVA客户/服务器设计是GUI(图形用户界面)和进程管理"编写一次、到处运行"的关键，而优化的地震成像算法运行在专门的高性能计算机上。计算模块由JAVA写的服务器激发，用C或FORTRAN语言编写，具有效率高的优点。

GUI（图形用户界面）是用JAVA编程语言写成的，客户端具备可移植性，并可访问局域网或广域网的任何计算机。JAVA是为网络设计的，能够解决安全和并行分布式计算的问题——这两者都是地球物理应用的关键问题。这样，处理/解释客户，就可以在任何地方实现以下地震计算：(1)利用信息浏览器/工作流构造器建立工作流程；(2)工作流程定义通过Internet/Intranet传送到远程的服务器；(3)服务器根据工作流程调用相关的模块；(4)服务器执行工作流程，从服务器磁盘读数据，向服务器磁盘写数据；(5)结果图像经过压缩发送到客户端；(6)客户数据显示器显示结果。计算服务器运行在计算机集群或大型并行计算机上，由计算密集的工作流激发和管理。这些地震工作流使用计算效率较高的语言如C和FORTRAN编写,在专门的平台上运行。这些处理模块可以处理大量数据,并利用并行计算机和分布式计算的优点。轻便式解释/处理客户端主要包括两个模块:一是信息浏览器/工作流(流程)构造器,用于建造和管理(执行、中断和停止)流程;另外一个是数据显示器,显示地震剖面、速度剖面、"道集"和相似度数据集等。数据显示器允许直接进行数据解释,例如速度拾取、速度模型建立和编辑。图形核心以JAVA图形子系统为基础。JAVA图形子系统API是一个通用的底层绘图接口,覆盖了广阔的应用领域,能够满足地震处理解释的要求。

服务器端的处理和成像软件一般是在Linux集群环境下运行,而客户端的软件,则可以在Windows系统上运行。用户利用鼠标驱动接口实现互动,项目和地震模块按照层次组织。输入给工作流的数据文件、工作流的结果,以及保存的工作流,也按照层次组织。用户通过GUI可以登入或修改作业参数。会话窗口的形态可以按照用户要求定制。Internet/Intranet连接客户与服务器对话的网络通信用RMI(Remote Method Invocation)的API实现。JAVA的RMI系统允许运行在一个JAVA虚拟机(VM)上的对象调用运行在另外一个VM上的对象。RMI提供用JAVA编程语言写的程序间通信。实现的机制是专门的确认层中的确认协议。确认层的核心是JAAS(Java Authentication and Authorization Service),这是确认用户和给予特权的框架和标准编程接口。在这一层下面和TCP/IP层的上面,可以选择使用SSL(Secure Socket Layer)。SSL是当前Internet上事实上的安全标准。但是,如果系统是在安全的Intranet内部使用,可以使SSL层不起作用,以增加网络传输速度。

3.3 交互解释

3.3.1 地震解释

3.3.1.1 地震解释需要人机互动

地震解释是从地震数据中提取地下地质信息。经过处理和成像的反射地震数据,既包含反射连续性指示地质构造,包含变化性指示地层、流体和油藏结构,包含地震子波,也包含各种类型噪声和数据瑕疵(数据采集"脚印"问题、采集遇到的障碍物问题、野外装备问题和处理问题)。地震子波是由地震能量脉冲产生的,在地下传播并反射回到地面检波器的波动,携带有地质信息。通常认为,记录的子波是最小相位的,在处理过程被转换成零相位,使得更方便解释。解释员不是关注子波本身，而更关心它携带的地质信息。理解子波和从其特征区分地质细节，是解释员的任务。很难设想计算机能够进行自动解释，自动区分这些影响。噪声可能是随机噪声，多次反射或折射，也可能是未知源引起的。因此，地震解释离不开解释员的深刻思考，即需要人机交互的过程。

石油工业界很早就开始探索交互解释技术。Gulf石油公司在20世纪70年代末开始试验利用地震交互解释系统ISIS，第一次把地震和测井资料集成在屏幕上进行解释。但是，直到20世纪80年代初，地震资料解释还主要依靠人工用彩色铅笔在纸剖面上进行。工业界一般认为，地震交互解释工作站出现于1983年，地质交互解释工作站出现于1994年。

交互解释工作站已经在20世纪90年代初普及，成为三维地震解释不可缺少的工具。表3-1是Brown A.R在当时列举的解释技术进步[4]。模式识别、人工神经网络技术等，也逐渐为物探人员所掌握。

3.3.1.2 地震解释软件

地震解释软件是指用于分析和解释地震数据，产生有关地下构造、储层和油藏的合理的模型，并预测有关属性特征的应用软件。地震数据解释软件一般在交互计算机（interactive computer）上运行，这样的运行环境适宜对大量地震数据进行精细分析研究，特别是适宜三维地震数据的解释工作。

表3-1 20世纪90年代解释技术的进步

20世纪80年代前	20世纪90年代初期	20世纪90年代中后期
纸剖面	交互工作站	交互工作站
黑白显示	彩色显示	彩色显示
二维数据	三维数据	三维数据
振幅、相位不可控	真振幅	真振幅
	可控子波	可控子波
	切片解释方法	切片解释方法
	模式识别	模式识别
		模糊聚类
		人工神经网络
		横波信息
		多学科集成
		改进可视化
		界面解释方法

随着地震资料在石油勘探开发领域应用的不断扩大,地震解释工作的内涵和技术不断扩充和发展,地震解释软件类型主要有:常规地震解释软件、三维可视化解释软件、属性分析软件、井筒地震地质分析软件、地质框架模型软件、地震反演储层/油气藏软件等。

常规地震解释软件参照解释人员手工解释方法,实现利用二维地震资料或三维地震资料的平剖面解释的软件系统。一般具备显示和解释两部分基本功能。在地震显示手段方面,除了一般的地震剖面显示之外,还应具有任意线剖面、多线剖面以及平剖面的折叠、井信息的嵌入等显示手段。图3-7是Petrel2013增强剖面显示的示例,其中包含有斜井。地震解释软件在各种显示剖面上能完成层位、断层的拾取、编辑等交互解释的工作和层位的自动追踪解释。常规解释系统一般还具备多工区统一解释、闭合差校正等构造解释功能,以及储层界面解释、层序旋回解释、地震相解释等储层解释功能。

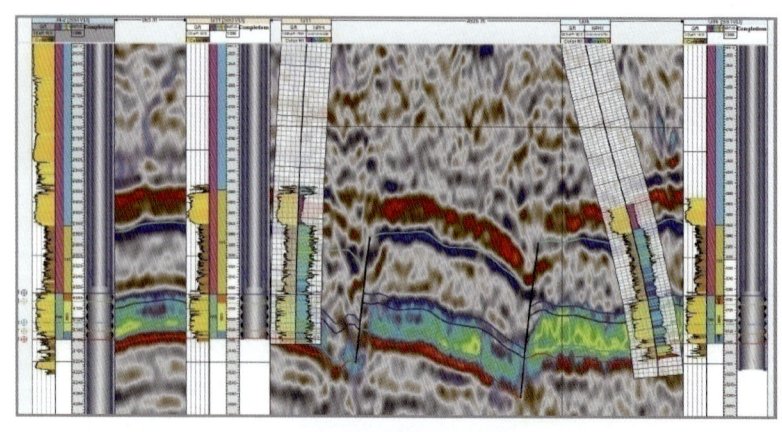

图3-7 Petrel2013的增强剖面显示示例

在工作站上进行地震解释,首先需要进行数据(测量成果、地震数据、钻井、测井数据等)整理和加载,选取基干剖面进行标准层的确定、解释,进行地震波对比解释,以及对层位、断层和特殊地质体作出合理解释。在解释过程中,可以利用解释工作站处理功能,改善目标层段地震数据的信噪比和分辨率,以过井剖面为基准,在目标区进行地震数据属性的一致性处理,减少地震数据闭合差;在解释中注意参考应用有针对性的属性剖面。在解释过程中,进行地质分析内容(构造特征分析、断层特征分析、地层特征分析,以及预测圈闭部位的储层、盖层、顶板层、底板层以及空间配置关系，分析圈闭形成条件、圈闭类型及其分布规律），以及编制构造图。

三维可视化解释软件基于计算机三维可视化技术，实现地质对象的综合显示解释，井数据立体显示及层位对比标定、地震常规解释的层位断层解释、三维空间构造成图等系列解释功能。三维可视化解释软件可以利用不透明性立方体透视，进行对整个数据体的选择性过滤和综合显示解释，多数据体（振幅体/属性体/速度体等）的综合显示解释、子体检测（sub-volume detection）、像素体追踪和雕刻（Voxbody traking and sculpting）等新的空间解释功能。

属性分析软件是利用地震特殊处理功能为地震储层解释需求而发展起来的新解释软件。一般具有沿层（或层间）的二维或三维时间域（或深度域）属性提取，可提取几十种不同的地震属性。根据地质任务的需要对提取的属性进行属性优选和分类，然后采用模式识别或神经网络技术进行地震属性与储层或油层的相关性分析，分析储层或油层的展布特征和物性特征，或直接进行烃类检测。

井筒地震地质分析软件将钻井、测井等井下资料用于地震地质综合解释。由于涉及数据类型多，一般又分为井数据预处理、统层对比、地震地质层位标定等功能软件。井数据预处理软件包括井斜校正、岩心归位、测井数据环境校正、多井标准化、曲线方波化、曲线转换等功能。统层对比软件是在特制的显示图板上组织相关对比的井信息，然后进行地质层位、岩性、储层等交互对比和解释，形成地层对比剖面图或油藏剖面图。地震地质层位标定软件包括井旁地震道的频谱分析、子波生成、合成地震记录制作、地震地质层位标定、时深转换等功能。功能强的软件可以把井信息和井间的地震剖面有机结合显示，并进行层序地层学解释、地震相和岩相转换等储层和油气地震地质综合分析工作。

地质框架模型软件为储层/油气藏创建一个由地震坐标描述的地质框架模型，该模型综合了构造（层位、断层）、地质/沉积模式、地震反演、测井资料内插，形成参数化的时间/深度三维封闭模型。

地震反演、储层/油气藏描述软件是在地质框架的控制和测井资料（声测井）的约束下进行地震反演，并利用反演声阻抗实现储层/油气藏定量描述和直接碳氢化合物检测。

储层预测及油藏描述的基础数据是利用相对保持振幅的地震数据、VSP数据、地震反演数据、经过环境校正的测井数据、测井储层参数处理成果数据和解释成果数据、岩心测定的物性参数等。储层预测及油藏描述工作包含层位标定（利用测井数据和VSP数据研究储层的地震响应特征，进行储层标定），正演模型的应用（利用正演模型对储层的反射特征进行研究，指导储层预测或验证解释结果），测井数据预处理及储层参数敏感性分析，叠后地震反演（根据地质任务和实际情况选取合适的反演方法，进行波阻抗反演或其他参数反演），储层几何形态描述（利用地震数据结合测井、钻井数据对储层的空间几何形态作出描述，包括储层的顶面形态、底面形态、储层厚度、有效储层厚度等），以及叠后地震反演和储层参数预测，储层含油气性和含油气范围预测。

3.3.2 叠前解释

有人称当前油气勘探工业处于叠前时代。进入21世纪10年代，国外地球物理软件公司纷纷推出了叠前解释技术和软件，其主要特点是：(1)集成叠前数据到解释工作流，可以允许解释人员快速验证叠后数据分析，快速重处理数据，更好预测地下流体和岩性，从而远景评价和油藏识别更可信。(2)利用叠前解释软件作为集成平台，解释员不仅能够显示叠前数据，而且能够同时显示高质量测井、叠后地震数据和层位断层。(3)在最新的叠前地震解释流程技术中，项目数据库（如同OpenWorks）集成叠前数据作为固有数据，而不是由解释员管理数据类型。

图3-8表示叠前解释软件能够显示连续的剖面与叠前偏移距道集。如同通常解释数据（叠后），数据体可以任意方向切割，用户可以控制任意方向移动切割面扫描数据，可以实时显示叠前数据。

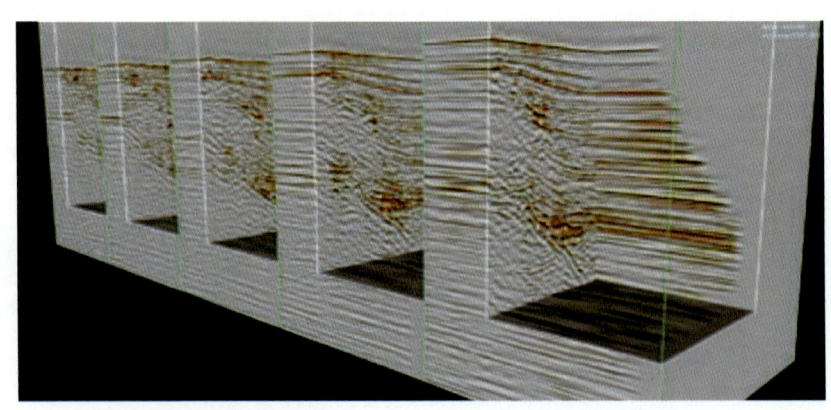

图3-8 叠前解释软件显示连续的剖面与叠前偏移距道

叠前解释软件大体上包含三方面的功能或用途：(1)可以用于验证对叠后数据的解释结果。对于叠后同相轴任何异常，可以快速调出叠前道集，检查在叠前道集中是否有有关信息，确定是数据中固有的，还是由于处理产生的假象。(2)可以用于拾取叠前属性，提取叠前属性有助于加强对于数据的理解。(3)可以用于联机快速面向目标重新处理。

实现叠前解释的软件，最关键的技术有三个方面：(1)需要有统一的数据管理，特别是叠后数据体和叠前道集的链接和索引。例如，WesternGeco的叠前偏移成像软件，具备了产生共成像点道集输出能力。(2)需要四维可视化和拾取操作能力，在一个画布视图同时显示叠前和叠后数据，以及多层次二维窗口与Petrel的三维画布同步显示能力。(3)具备解释功能和处理功能动态集成能力，实现在解释过程中实时进行面向目标交互处理。

3.3.2.1 Well Seismic Fusion™的叠前解释软件

Well Seismic Fusion 的叠前解释软件功能有：(1)动态集成（Dynamic Integration）——Seismic Fusion软件与Halliburton的三维体解释和可视化软件GeoProbe和Landmark公司的高性能地学解释桌面软件PowerView应用软件紧密集成，应用OpenWorks软件平台数据库。(2)叠前数据导航（Pre-Stack Seismic Navigation）——通过点击SeisWorks和PowerView®底图或地震显示，可以直接显示地震工区任何地方的任意数目的ProMAX®和 SEGY CDP 道集。(3) 叠前解释（Pre-Stack Interpretation）——在道集上面交互拾取叠前层位，在地震道上绘出叠前属性，并把叠前层位映射在SeisWorks中。(4) 叠前属性与数据增强（Pre-Stack Attributes and Data Enhancement）——从道集交互提取AVO属性，诸如，截距、梯度和曲率，通过滤波、增益和平滑，增强叠前地震数据。

3.3.2.2 Paradigm SeisEarth的叠前解释

Paradigm SeisEarth 的叠前解释有下列特点：(1)公共文件系统用于叠前和叠后数据。(2)将32位和 16位叠前数据快速转换为在共享存储器高效漫游格式。(3)在一个画布视图同时显示叠前和叠后数据。(4)同时显示来自多线的叠前道集。(5)灵活的坐标系支持偏移距道集、角道集和semblance道集。(6)时差（Moveout）加载和显示，用于QC。(7)波形方式显示特定道集。(8)利用三维 Propagator自动拾取。

3.3.2.3 WesternGeco的PSI（叠前解释）

WesternGeco的PSI叠前地震解释工具与现有的三维体解释窗口互补WesternGeco特色的成像技术，在每个输出点位置提供偏移距道集和反射角道集。任何时候可以点击三维空间任何地方，显示图像和道集。显示速度不受数据体的大小影响，方便利用叠前数据进行解释。WesternGeco PSI软件包由PSI核心（可视化，包括叠前同相轴拾取和快速叠加）和PSI-pro（可视化、解释和实时处理）组成。(1)单击显示工区任何地方，可视化平台利用叠前窗口显示叠加的和共偏移距道集。平台包含解释工具的集成套件——叠前地震建模、地震照明和多重建模（multiple modeling）。(2)多层次二维窗口与Petrel的三维画布同步显示。(3)叠前位置和道集可以直接显示在三维画布。(4)叠前同相轴拾取：可以在叠前数据中拾取和编辑同相轴。叠前同相轴解释，利用四维追踪器提高道集拾取的速度，作为Petrel软件的层位。自动提取剩余时差、振幅和其他属性，增强对数据的理解和分析。(5)联机动态叠加数据：提供解释员显示哪个偏移距对同相轴贡献最大。(6)联机动态处理：增益、带通滤波和诸如Radon变换多道处理，可用于显示而不需要建立另外大数据体。直接在Petrel软件处理道集，交互优化参数，改进道集质量。增益、切除、带通滤波、Radon去多次波等算法。(7)快速加权叠加，快速AVO分析。(8)交互叠前地震属性：可以对叠前同相轴抽取属性，用于振幅、构造和地层研究。叠前同相轴属性可以快速可视化。(9) 属性可进行运算，建立诸如"叠加的"属性图（"stacked" attribute maps）。振幅属性简单求和，对于需要用叠加压制噪声或降低数据体中的剩余时差，是有用处的。

3.4 插件架构与基于框架软件开发

3.4.1 一个插件架构的地震解释与可视化系统

3.4.1.1 OpendTect简介

我们首先介绍两个基本术语：组件、插件。

组件（Component）是分别编译的相互连接的对象。组件架构的优点是能够在应用软件中复用标准的组件，允许应用程序以更模块化方式构建和实现，允许应用软件在编译和释放后仍然进行插件（PlugIn）式扩充。

插件（PlugIn）是指软件片断，可以用于扩充或改变已经存在的编译过的应用软件。插件的优点有：容易扩充应用软件功能，改变应用软件的UI（用户界面），容易从一个应用软件抽取数据（连接到另外应用软件）。

插件架构特别适应于物探研究人员，可以容易地将研究成果与实际应用软件连接，使得功能更有竞争力。编写插件相对容易。

本节选择dGB公司开发的OpendTect地震解释和可视化系统[5]作为插件架构系统的范例，有两个原因：(1)OpendTect是良好的研究和开发平台，可用于开发新的地震解释工具；(2)OpendTect是开放源码的系统，可免费用于研究和开发工作。读者可以从如下网址下载有关源码和文档：

http：//www.opendtect.org

OpendTect主要特点有：(1)二维和三维地震数据可视化和分析(图3-9)。(2)灵活的二维和三维层位追踪，包括自动追踪（在三维场景，二维显示）和手工追踪（在三维场景，二维显示）。(3)快速属性计算和滤波。(4)多平台分布式计算。(5)可扩展的插件（PlugIn）架构。

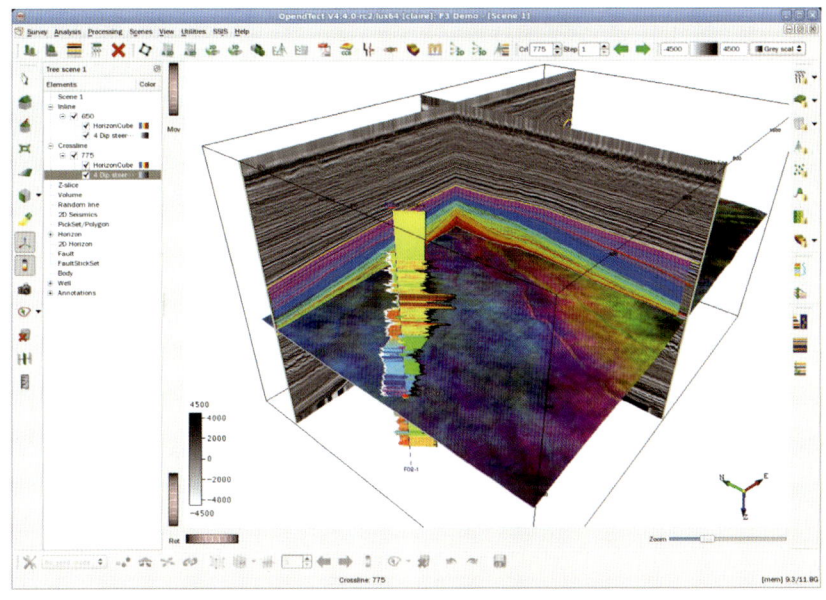

图3-9 Opendtect的主用户界面

地球物理工作者可以利用OpendTect进行多数据体交互属性分析，数据可视化支持不同方式：剖面、时间切片、随机线、数据体、层位、测井曲线等，进行跨平台分布式计算，层位和断层提取，以及地震和井数据输入输出。

在OpendTect中，在执行开始时必须定义项目和地震工区。工区定义研究区域的地理边界和inline/crossline 和 x/y 坐标系统的关系。地震数据从外部数据源（如SEGY）加载为OpendTect的CBVS（公共二进制体存储）格式。OpendTect使用有效属性集工作。属性的交互试验是OpendTect重要亮点。属性和数据可以在多个图形窗口(场景)显示。每个场景有自己的图形树控制元素on/off。一个元素(inline，crossline，二维线，z-切片，随机线)可以显示多达8个的不同属性。

在OpendTect进行数据加载、可视化和处理的一些应用中，利用了多线程能力。线程是最小处理单位，由操作系统调度。不同操作系统线程和进程实现方式不同，但是，在大多数情况下线程包含在进程中。在一个进程中允许存在多个线程，由这些线程共享进程的资源（诸如存储器），但能够独立地执行。

3.4.1.2　OpendTect的插件

OpendTect几乎全部用C++编写，利用Qt程序库，支持跨平台和可移植性。在系统设计中使用插件架构。软件开发人员可以在OpendTect中建立自己的插件。

插件可以完全独立地开发。如果用户发现有在OpendTect中不能够完成的事情，可以开发一个新的插件。插件是运行时加载的。所有现代操作系统均具备动态加载程序库到运行的程序，基本做法是：打开程序动态库→利用字符串键字查找所需要的程序→调用找到的程序→程序工作。在OpendTect中，所有有关动态库查找等已经编程在框架中。一个插件只需要包含几个标准的函数，将在动态库加载时候自动被调用。有三个这样的函数，例如，假设插件的名字是XXX，三个函数是：(1)GetXXXPluginType；(2)GetXXXPluginInfo；(3)InitXXXPlugin。只有最后一个是必须的，第一个GetXXXPluginType 确定该插件是否可以自动加载，以及何时加载：是在程序建立OpendTect GUI之前还是在建立之后。第二个函数提供插件的简单信息。

编写交互计算程序要面对两个实际问题：(1)如何增加新的菜单项；(2)如何建立对话框。第一个实际问题的背后不是如何制作菜单项本身，而是如何插入到其父辈菜单中。这是需要克服的门槛。在 OpendTect中提供uiODMain类，可以通过利用uiODMain* ODMainWin() 全局函数。一旦有了它，可以访问你需要的任何对象。在图3-10b例子中，表示在用户选择加载Annotations插件后，该插件自动增加了菜单项Annotations。

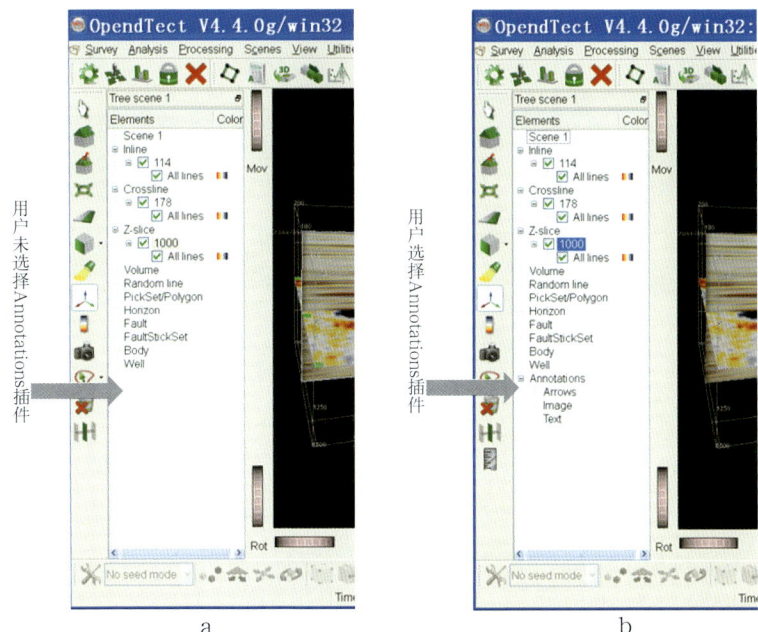

图3-10 OpendTect插件增加新的菜单项的例子

3.4.1.3 OpendTect的HorizonCube插件

dGB公司利用插件技术开发了若干商业插件，例如，HorizonCube插件。HorizonCube是相关的三维地层界面密集的集合。常规解释工作流程只解释少量关键的层位即用于产生地质模型，其结果是将若干GB数据缩减到若干KB解释的数据用于关键决策。HorizonCube通过半自动的技术，增加成图层位，改善解释。这样可在油藏描述中充分利用高分辨率地震的潜力，改善岩石性质定量估算和地层圈闭定义，得到更精确的地质模型。HorizonCube的计算是地震地层解释工作流的关键的步骤。HorizonCube首先进行倾角调制，产生SteeringCube地震反射层的局部倾角和方位值。从SteeringCube产生HorizonCube，是利用三维自动追踪算法，通过追踪倾角/方位场，产生三维地震体中密集的层位"Cube"。图3-11表示HorizonCube一些应用，诸如井的相关性对比，层序地层学解释，以及构建详细地质模型等。

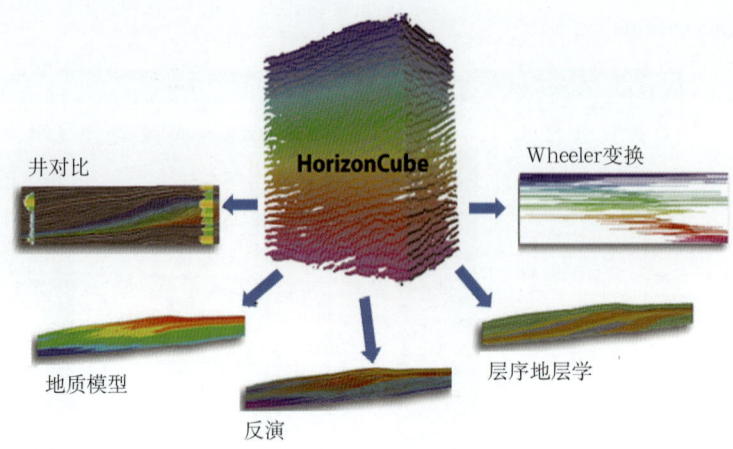

图3–11 HorizonCube及其应用示意图

HorizonCube关键的优点是倾角场比振幅场更具连续性。相比而言，常规自动追踪是拾取振幅拼凑成的层位，而不是连续的、时间按前后顺序排列的层位。HorizonCube层位追踪精确，可显示许多细节(图3–12)。

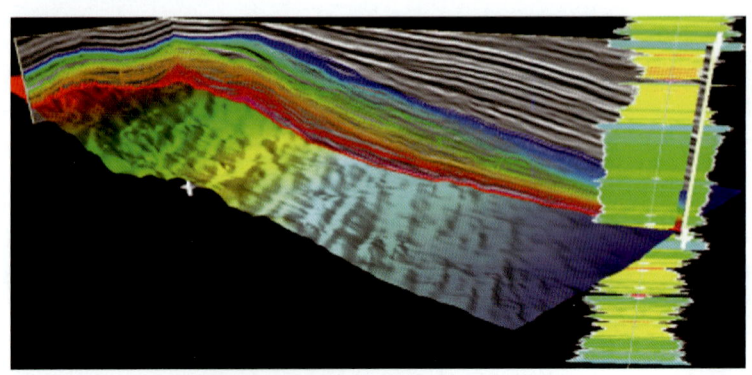

图3–12 穿过HorizonCube的剖面

3.4.2 基于插件软件开发

构建面向软件产品线的插件框架（PlugIn framework）是提高软件产品开发效率的有效途径。简单地说，插件框架是一种软件框架，允许程序在启动的时候或运行过程中附加功能，并允许插件与框架协作[6]。插件框架的基本思想是：软件开发者预留一个公共接口，软件开发者和用户，可根据公共接口标准制作插件和加载插件。插件的运行由主控模块统一调度。插件化是模块化技术的发展，将程序非常清晰地分割为不同的模块，其优点在于容易替换或增加新的模块，容易通过清晰定义的接口，封装或扩充第三方程序。插件框架通常的职责是：插件模块注册，提供插件模块加载和插件模块调用方法，以及提供与插件模块互动方法。

在GeoEast系统中，利用批量应用框架编写的应用模块，在运行时将由批量处理的执行控制程序动态调用。实际上，执行控制程序不需要了解其调用模块的具体功能。利用批量应用框架编写的应用模块具有标准化的基本构件，使得执行控制程序可以将其嵌入到数据处理流程中。所以，地震批量处理执行控制程序本身也是一种软件框架，实现了多数据流管道驱动地震数据处理，可以称为地球物理数据处理软件框架。这个软件框架支持并行处理，可以调度串行语言编写的处理模块，同时运行在多个计算节点或多个CPU核上。框架隐藏了多计算节点、多核调度、通讯与节点故障恢复、模块间数据传输等并行编程的细节。

地球物理软件开发，经历了从传统的面向过程开发（子程序库、函数），到面向对象（类库）开发，再到面向框架开发的发展，是地球物理软件开发技术的进步。面向框架开发应用功能模块，可以减少编程代码，减轻开发工作量，更能够保证一致性和模块化，减少编程错误。在计算机程序设计中，软件框架负责提供特定应用领域软件模块的共性部分代码。程序员面向软件框架编写新的功能模块，代码不需要从头编写，只需要在框架的基础上进行一些扩充和调整。如果软件框架提供的共性功能不满足应用功能需要，程序员可以提供新的特殊功能代码覆盖框架的共性功能代码。

传统的软件程序库，是通过抽取、包装可重用的代码，定义应用编程接口（API），供应用模块编程调用。在GeoEast系统的应用框架中，同样也提供一些可重用的构件，称为器件，例如，在交互应用框架中有地震剖面器件、测井器件、CGM出图器件等，并由ZoomView提供了图层功能，方便了对图元的管理。GeoEast的三维可视化框架包含了一系列的可视化专有器件、算法和交互操作控制技术，为在三维场景下进行地震数据处理、解释和构造建模等提供了方便。图3-13为三维面向可视化框架开发的两个应用功能的例子：图3-13a为在三维体解释的断面检查应用，图3-13b为井位设计应用。虽然两个应用功能有差异，但是都利用了三维可视化框架提供的许多共性服务。

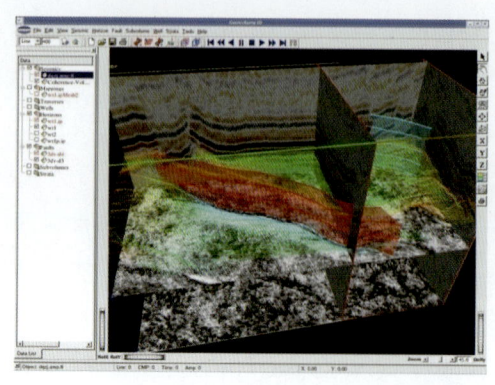
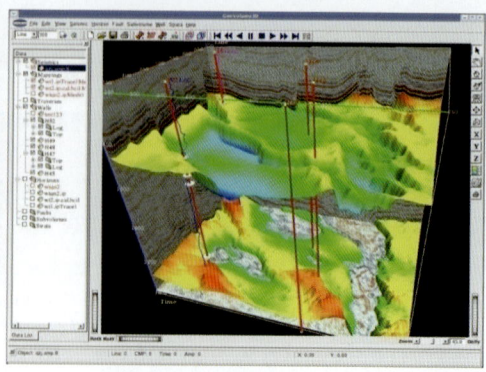

a　　　　　　　　　　　　　　　　b

图3-13　GeoEast三维可视化框架的两个应用例子

软件框架不同于软件程序库。框架提供了模块程序的控制流，提供相关的管理功能（例如，三维可视化框架包含有三维可视化交互显示管理功能），这是框架的重要特点。框架一方面为软件模块提供固定的构架（基本构件及其关系），另一方面提供软件模块的可扩展部分，程序员可以增加自己的特殊功能程序代码（图3-14）。采用面向对象程序设计技术实现的软件框架，可以在框架中预先定义类，由应用程序模块的可扩展部分继承，用于实现其独特功能。此外，软件框架有利于应用程序结构标准化。

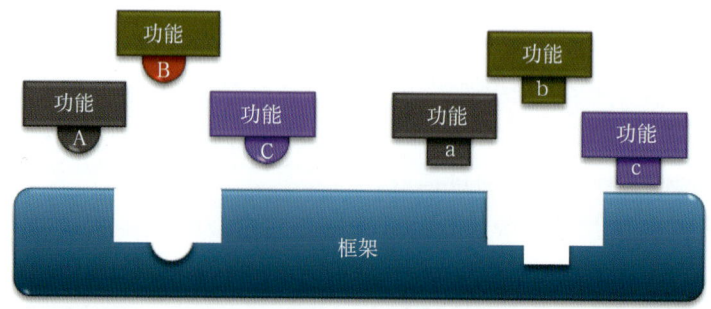

图3-14　基于软件框架编程示意图

一个基于插件的系统可以分为三部分：执行控制系统、插件管理器和插件对象。执行控制系统通过插件管理器加载插件和建立插件。一旦插件建立了，执行控制系统有指针指向它，可以如同其他对象使用。通常还需要特殊的解构/清理。插件管理器是通用的一段程序，管理插件的生命周期：发现和加载插件、初始化插件、注册功能，以及卸载插件。它也应该允许执行控制系统，重复使用加载的插件或重注册插件对象。插件本身应该遵守插件框架协议，并提供符合执行控制系统需要的对象。在实践中，有时将插件管理器与执行控制系统紧密耦合，这样便于插件管理器提供一定类型的插件，而插件初始化也通常要求传递执行控制程序的信息。插件涉及接口问题。插件系统的基本概念是有一个中央系统加载插件，而不需要该插件的知识，与它们通讯是通过完全确定的接口和协议。

图3-15为基于框架的软件开发与传统软件开发的比较。图3-15a表示如果采用传统的程序设计，应用开发者编写软件模块的主体程序，并调用子程序库中的子程序。当使用传统的面向对象软件类库时，在应用开发者负责编写软件模块的主体程序中，用代码产生对象实例，并调用它们的成员函数，还需要由应用开发者建立对象实例之间的联系，保证它们协调一起工作。图3-15b表示基于框架的应用软件开发，应用开发者编写软件程序部分，由框架调用，就完成了软件模块的开发。软件模块主体程序是框架。面向对象的软件框架优点有：减少编程的代码，增加代码的可靠性和健壮性，更能保证一致性和模块化，提供了通用领域的问题（如用户接口，图形界面或网络操作等）服务。例如，交互应用框架、可视化框架和模块生成框架，在GeoEast V1.0地震处理解释一体化系统软件开发中，已经起了极其重要的作用。也有人提出过发展其他类型的应用框架，如数据对象框架、数据读写框架和数据存储连接框架。

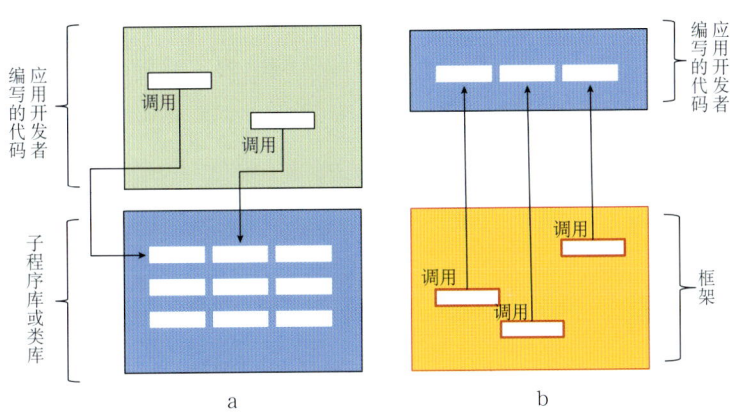

图3-15 传统软件开发（a）与基于框架软件开发（b）对比

3.5 三维可视化与体透视技术

3.5.1 三维可视化

可视化是从数值数据构造出可视的图像。可视化是通过交互绘图和成像，从复杂的数据中提取有意义的信息的方法。

早在20世纪90年代初，在物探计算机应用中就发展了三维可视化技术，具有彩色、三维、动态互动能力。由于计算机屏幕在本质上是二维的，需要考虑二维图形图像与三维图形图像的区别。二维图形图像只需要在屏幕上一些x，y坐标位置上设置或涂抹特定颜色和亮度。图形图像的视点和视角是固定的。但是，一个三维的图形图像具有x，y，z坐标，用户希望三维图形图像可以如同现实世界物理对象一样操作。

早在1991年，BGP就开发过一个称为3DV的地震三维可视化软件系统原型。当时缺乏有关三维图形软件工具，3DV显示方法是把地震数据体中抽取的剖面或切片以及解释的层位和断层，表示为结构化的数组（一系列三角形、四边形或多边形），由SIPP（简单多边形处理程序）处理：消除隐蔽界面，变换显示坐标，对于每个可见像素插值。在需要进行"地震纹理"显示时，例如在层位或断层面上显示振幅属性，从地震数据体抽取数据。3DV还利用了OpenGL或GKS进行图形绘制(图3-16)。经过多年的发展，现在开发三维可视化软件可以利用更先进的工具，例如：OpenGL已经具备易于使用的三维图形库；基于OpenGL的Open Inventor软件提供面向对象的、跨平台的专业三维图形工具包；Coin3D软件提供免费的Open Inventer图形库；OSG开放源码编程接口，用于场景管理。

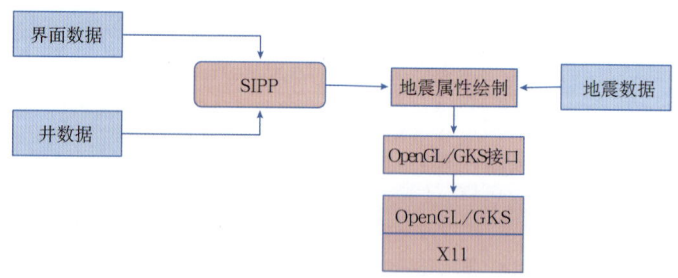

图3-16 3DV可视化原型

从20世纪90年代以来，三维地震勘探成为主导的物探技术，三维可视化为观察大量三维数据提供新的工具。可视化能够在屏幕产生三维图像,使得地球物理工作者能够看到、分析和解释。可视化能够为地球物理工作者展现地震处理和解释计算中所发生的一切,发现通常发现不了的现象。无论是在处理解释的质量控制或分析,三维可视化都提供了一个直观的交互环境。例如,静校正的折射面计算、地表一致性校正因子和地震成像速度建模,关键的参数和模型用于数据体之前,可以在三维可视化空间进行可视化检查。 现代地震解释系统一般均拥有三维可视化显示(图3-17),图3-18是GeoEast三维可视化显示例子,图3-19是Petrel 2013的三维可视化组合地震属性显示提取复杂的河道特征。

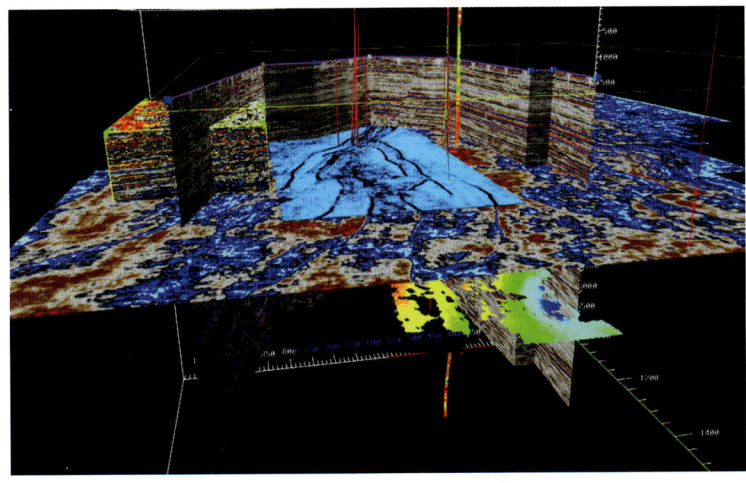

图3-17 现代地震解释系统三维可视化显示

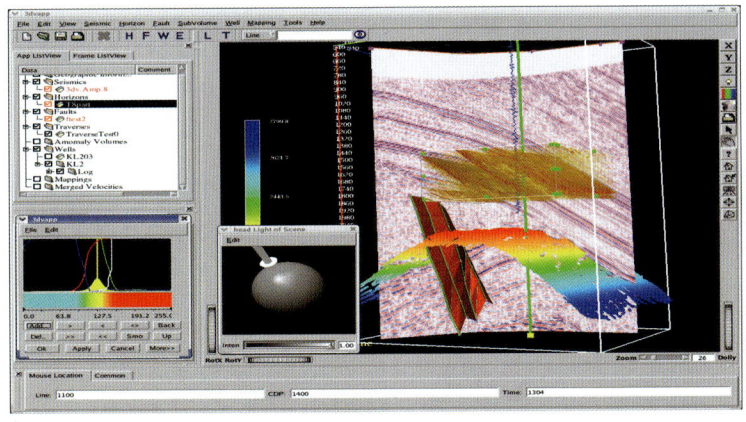

图3-18 GeoEast三维可视化例子

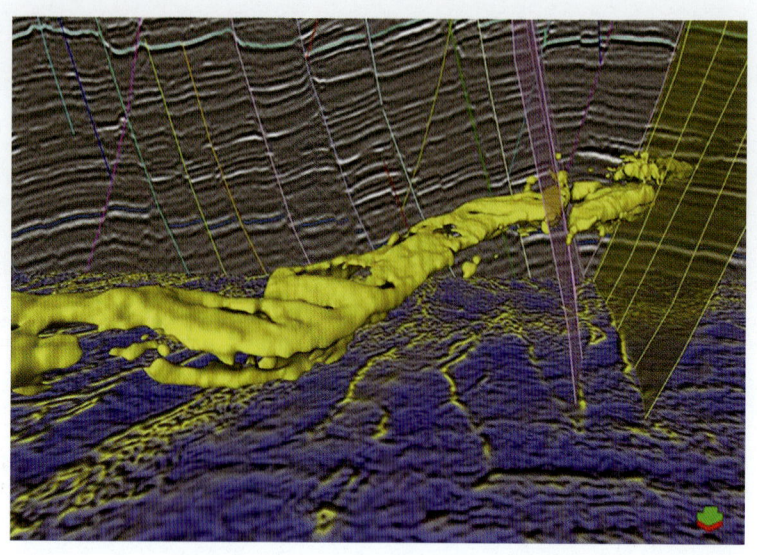

图3－19　Petrel 2013组合地震属性显示

3.5.2　体透视

在过去十多年间，地球物理界逐步采用体透视技术。体透视又称直接体绘制（Direct Volume Rendering），就是直接对整个三维数据场进行绘制，不单单可以看到表面，还可以透过表面（赋予一定的透明度）看到内部。Paradigm的VoxelGeo是第一个基于体的构造和地层解释工具。VoxelGeo软件最初源于医学软件VoxelView❶。随着具有三维纹理能力的高端图形工作站出现，实时体透视成为可能。地球物理透视技术不断增强了解释和可视化能力，并将基于GPU的新方法用于三维透视。图3-20是利用GPU透视的一个三维地震工区的复杂的河道[7]。

在体透视中，体被看成半透明的介质。对于屏幕上每个像素，体透视技术计算将沿虚拟透视线射线的体素累计积分。假设视线射线$x(\lambda)$，用到视点的距离λ参数化，而$c(x)$和$\zeta(x)$分别定义任意空间点的彩色和消光系数。体透视积分定义为[8]：

$$I = \int_0^D \left\{ c[x(\lambda)] \cdot \exp\left(-\int_0^\lambda \zeta(x(\lambda')) d\lambda'\right) \right\} d\lambda$$

式中，D是到视线射线离开数据集处的距离；I是像素彩色强度。这个积分模拟辐射点和视点之间消光系数空间减弱彩色局部生成彩色。彩色和消光系数一般

---

❶ 1990年Vital Images的医学软件VoxelView利用MRI技术显示检查不透明的人头，控制单个体素的透明度。这是三维医学技术革命。

用传递函数指定。传递函数是将标量属性空间映射为RGBA(红，绿，蓝，Alpha)彩色空间，此处的alpha是不透明度或消光系数。此外，标量属性的梯度存储在体中，可作为法向向量，产生光的效果，提高对三维构造的察觉力。

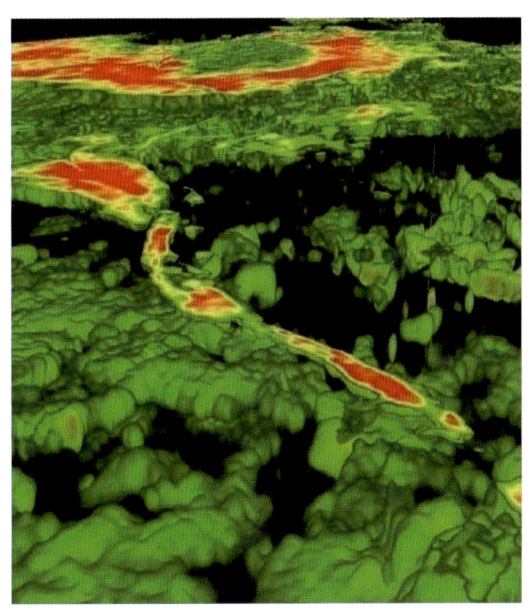

图3-20　利用VoxelGeo的三维透视例子

传统的基于三维纹理体透视，是用一系列对齐视点采样切片从后到前顺序计算。按透视的方向从屏幕每个像素考虑离开的虚拟透视线射线，透视切片将射线分解为从后向前顺序组成的段。传统的基于切片的透视，是用前面切片的彩色和不透明度作为段的彩色和不透明度的近似。每个切片间的材料贡献被忽略。增加切片数目是获得相关构造精度途径。但是，在当前图形硬件条件下增加切片数目（或增加精度）会严重影响性能。

K.Engel等[9]提出利用"数据厚板"代替切片改善体透视图像质量，并可利用现在的GPU较有效实现。除了改进透视算法外，还可利用计算机图像处理改善体透视质量，例如，光线投射法体透视后进行边缘检测和阴影处理。

3.5.3　数据管理问题

三维可视化和体透视的挑战之一是数据管理。地震数据体通常大于CPU或GPU的存储器，而且常常需要同时操作多个数据体。管理数据的方法是"分治"

方法——将数据分成随机存取的数据块，称为tile。数据块只在需要显示时候才被加载，即所谓的"三维分块映射"，在可利用的存储空间应选择最佳的数据块集合来表示数据体。图3-21表示利用Open Inventor可视化软件绘制切片（横测线或纵测线）时加载的数据块示意图。数据显示分辨率可以采用类似"八叉树"的分级：第$n+1$级tile的数目是第n级的八分之一。因此，对于相同的体素(voxel)，第$n+1$级显示空间范围是第n级的八倍，当然，显示图像的质量有所降低。同样的技术可适用于体透视。

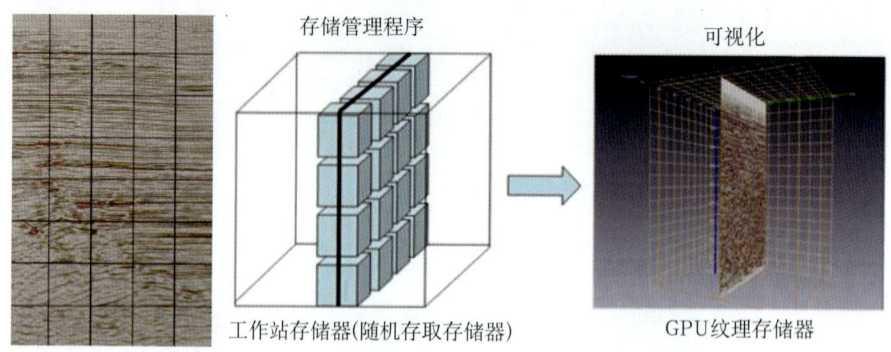

图3-21　显示切片（横测线或纵测线）时加载数据块示意图

3.5.4　虚拟现实(VR)

虚拟现实是指计算机生成的人工世界，用户能够沉浸其间，用直观的、自然的方式操纵这种人工世界中的对象，并与之互动。

虚拟现实技术研究可追溯到20世纪60年代，最初由美国军方和航空航天局，用于各种武器或飞行系统的模拟训练。1989年J.Lanier始创"虚拟现实"这个名称。20世纪90年代后期以来，虚拟现实技术被应用于油气勘探开发数据分析、油气勘探开发决策、钻井工程设计、油田开发方案设计和调整等领域。进入21世纪，国际上主要石油天然气公司和地球物理公司，纷纷建立用于地震资料解释的虚拟现实可视化中心。

虚拟现实系统由虚拟现实引擎和虚拟现实外设组成。虚拟现实引擎包括高性能计算机系统和配套的虚拟现实软件，负责数据处理、数据存储管理、图形图像处理，以及音频视频信号处理等。虚拟现实外设，包括虚拟现实可视化设备和用户输入、跟踪和控制设备。可视化显示设备有许多种类，包括：台式显示器、大幅面LCD显示器、电视墙、大屏幕显示墙、半圆形屋顶显示屏幕、CAVE封闭式显示屋等。现代地震资料解释虚拟现实可视化环境（图3-22），一般采用大型图像投影显示系统，屏幕可以是弧形屏幕、环形屏幕、球形屏幕、或由墙壁和地面组成的封闭式屏幕。新的用户界面还包括三维鼠标、立体眼镜、头盔、数据手套、数据衣等，用于定位、输入和控制虚拟现实解释软件的显示和进行交互解释。用户可以利用语音命令控制，以及利用先进的头部和手的跟踪技术，通过人体自然移动（如行进、指点和抓取虚拟现实空间中的对象）操纵数据，并与之互动。一种称为"触觉（haptics）"或"力反馈（force feedback）"的技术，使得解释人员不但可以看到，而且可以触摸地下构造，通过和虚拟世界紧密联系，建立生动的工作环境，用户可以完全专注于其解释工作。

虚拟现实提供强大的三维可视化和高度沉浸环境，增加了地震解释人员对复杂三维数据和模型的理解，容易发现模型和数据中的空间关系，容易发现断层间细微关系；虚拟现实提供体透视和雕刻技术，可以直接显现地下构造的轮廓，容易发现地层和岩性异常体，容易识别含油气圈闭；虚拟现实界面自动追踪和子体追踪，可以实现层位和断层自动解释，可以直接圈定异常体，计算空间展布和体积，研究其内部形态；虚拟现实环境便利整个团队在数据空间合作，虚拟进入地下，有助于做出油气井的钻井位置和轨迹的最佳决策，提高油气勘探成功率和油田开发采收率。

图3-22　BGP虚拟现实可视化中心示意图

从视觉角度来说，传统的可视化工作站用户界面，只提供用户使用鼠标和键盘操作。而虚拟现实系统中，用户"浸入"数据中，可以有真正的三维感觉，增加了对复杂数据的理解。如一种称为"CAVE"的系统，运行时不需要控制台输入就能建立非常生动的工作环境，用户可以完全专注于所执行的任务。这种环境提供了全方位视觉能力，使得地质家可以识别精细的含油圈闭，允许工程师观察井筒周围区域，查找细微变化，识别潜在的危险。

人脑可以从两个眼睛图像的细微差别形成围绕三维模型。传统的计算机屏幕没有了这种能力，而虚拟现实可视化系统，为用户建立真正三维效果，这对于评价穿过和围绕复杂地质的复杂的斜井特别重要。此外，与模型互动要求必须是视觉平滑和动态的。

语音在以往计算机应用中大多只用于提示机制，指示错误状态，但是，人的听觉系统要复杂得多。在虚拟现实环境中，用户可以充分利用语音与计算机通信，代替传统的键盘命令和菜单选择。语音控制系统采用的SAPI(Speech Application Programming Interface)语法灵活，具有无限字和短语标记、利用命令标记，允许多语言转化为一致的标记。

触摸激活技术已经开始应用在石油数据解释虚拟现实系统中，可使人通过触摸与复杂的三维数据互动。把这样的技术集成到石油勘探软件时候，可以有效减少三维数据解释的时间，使地球物理家不但可以看到、并且可以触摸地下构造。

扩展现实（AR）是虚拟现实（VR）技术的扩展。AR以正确的比例和方位，把计算机生成的图像覆盖在现实世界视野上，并允许穿过物理屏障，看到地下特征，把抽象的数据加到现实的对象上。

在Computer–Human Interaction2009会议期间，有专家甚至指出，"告别鼠标，采用扩展现实、声音识别和空间追踪（Say goodbye to the mouse and hello to augmented reality, voice recognition, and geospatial tracking）"。实际上，有效的人—机互动，仍然是我们需要进一步研究的问题。例如，近几年触摸屏技术在手机上已经获得成功应用，但是在PC机上地震处理解释应用还需要解决许多问题。例如，地震处理解释对象细小，用手指触摸不易对准目标。又如，地震处理解释工作时间长，长时间触摸屏幕，容易产生手臂疲劳问题（有人称之为"大猩猩臂"问题）。

3.6 小结

机器实现人的认知功能是非常困难的。人可以做得很好的事情,如模式识别和归纳推理,机器则很难做好。因此,人机交互数据处理和解释,是任何主流勘探软件系统所必须具备的。

插件化是模块化技术的发展。面向框架开发人机交互应用软件,可减少编程代码,减轻开发工作量,更能够保证一致性和减少编程错误。

三维可视化和体透视,已经成为物探软件的关键技术之一,在地震处理和解释中发挥越来越大的作用。不过,虽然交互体透视软件包可以被用于地震解释,但是,大部分解释工作仍然采用传统的二维交互方式.

计算机界面(用户界面)——人机交互是快速发展中的领域,包括:图形用户界面、智能用户界面、自适应用户界面、多模式用户界面、基于上下文用户界面、虚拟现实和三维用户界面、话语和自然语言界面、协同工作用户界面。但是,在物探应用领域,还需要解决许多问题,至今人机互动还主要通过工作站屏幕和鼠标进行。

参考文献

[1] Peter Mora 等. 大型弹性波场反演.《地震勘探中的超级计算机》.北京:石油工业出版社,1992,111~121

[2] 王宏琳. 计算机集群地震交互成像技术. 勘探地球物理进展,2002,20(4):1~8

[3] Bevc D, Popovici M, Biondi B. Will Internet seismic processing be the new paradigm for depth migration interpretation and visualization. First Break,2002, 20 (3):168~172

[4] Brown AR. Seismic Interpretation today and tomorrow. The Leading Edge,1992,11(11):10~15

[5] dGB Earth Sciences B.V. Introduction to OpendTect V. 4.4,July 2013

[6] Gregory F. Rogers. Framework-Based Software Development in C++. Prentice Hall PTR,1997,382

[7] Huw James,Evgeny Ragoza, Tatyana Kostrova. How gaming has aided GPU rendering for volume visualization. Offshore Engineer,Februry 2011

[8] Laurent Castanie. Advances in seismic interpretation using new volume visualization techniques. first break,2005,23

[9] Engel K, Kraus M, and Ertl T. High Quality Pre-Integrated Volume Rendering Using Hardware Accelerated Pixel Shading. Proceedings of Eurographics/SIGGRAPH Workshop on Graphics Hardware,9~16

4 并行计算

4.1 石油物探高性能计算

4.1.1 石油物探对高性能计算的需求

我们在第1章（图1-5）介绍过地震数据处理对于计算机能力的需求超过了商业计算机能力的增长。长期以来，为了解决商业计算机能力不足的问题，在地震数据处理计算机应用中，曾经探索采用各种加速计算的技术[1]。

物探计算是一种科学与工程计算问题。科学与工程中的许多问题，如结构和振动分析、流体动力学、电路分析、分子设计、数学规划、地球物理、气象预测等，都离不开高性能计算。科学与工程计算的主要需求可以归结如下：

(1)具有很高的数值计算要求，可称为数值计算密集的计算机应用领域。在大多数科学与工程计算中，计算机运行于问题态的时间可占90%以上，CPU利用率可占80%以上，计算机中浮点操作频率占20%以上，浮点操作时间占50%以上。

(2)大型计算问题运行时间长，要求单个作业周转时间快，存储空间大。运行时间长往往是由于计算中出现反复迭代引起的，物探高性能计算问题还要求高速输入/输出能力。

(3)FORTRAN是主要语言，在使用FORTRAN写的科学和工程计算程序中，经常遇到大的数组，以及许多嵌套的循环。

石油物探对于高性能计算的需求，本质上源自于更高分辨率、更高保真度的勘探成果的需要，具体推动力来自两方面：(1)采用更高精度、更加复杂的地球物理算法，以成像为例，从简单的水平叠加、叠后偏移到叠前偏移，从时间偏移到深度偏移，从积分法偏移、单程波偏移到双程波偏移，从纵波到弹性波等，相应的计算量的增长以数量级计。这种需求主要依靠计算机能力的增长来满足。解决方案一是靠继续提升计算机主频，二是靠提供更多的计算资源。(2)采用高密度、全方位等新勘探方式，带来了数据量的爆炸般增长，目前一次采集量已经达到上百TB，使得许多常规的算法也显得耗时甚多，数据管理、IO效率和网络能力日益成为影响计算能力的瓶颈。因此，石油物探高性能计算是一个集计算密集和数据密集为一体，相互影响、相互交叉的复杂应用问题。

4.1.2 从向量计算到并行计算

向量处理是解决科学与工程计算问题的重要技术。在标量处理时，一条指令仅在一对数上操作。而向量处理，一条指令以流水线方式在多对浮点数上进行同样的操作，因而更加有效。为满足地震数据处理的需要，许多计算机公司曾致力于研究专门的硬件。由于地震数据处理包含有大量的向量操作和矩阵运算，特别是相关和褶积运算，IBM公司在20世纪60年代先后引入SUMP（乘加指令）、2937褶积器和2938数组处理机，20世纪70年代初引入3838数组处理机。20世纪80年代，向量计算机（如以CRAY为代表的巨型计算机和以CONVEX为代表的小巨型机，以及IBM 3090 VF）在地震数据处理中广泛应用，这些计算机都采用某种形式的并行处理概念。然而，巨型向量计算机制造成本高。20世纪90年代，地震数据处理广泛采用基于共享存储器的多处理机系统和基于分布式存储器的大规模并行计算机（即MPP系统）。

进入21世纪，PC集群（由于均采用Linux操作系统，也称为Linux集群）在地震数据处理中得到广泛应用。无论在大规模并行计算机还是在PC集群，地震数据并行处理目前都是使用以下两种编程环境之一：(1)消息传送接口——MPI。MPI具备标准的编程语言接口，用于构造FORTRAN或C语言的并行应用程序。(2)并行虚拟机——PVM。PVM是集成的软件工具和子程序库集合，可以把不同类型的计算机构成一个虚拟的并行计算机。

基于廉价的PC集群的并行计算极大地推动了物探技术的进步，但仍然难以满足物探技术发展的需求。地震并行计算系统将进一步发展，并与云计算技术（Cloud Computing）相结合。云计算系统，可以被看成"虚拟超级计算机"，用于求解大型问题，或运行应用软件，实现在地理上分布式的如下各种计算资源（PC、工作站、集群、超级计算机等计算机资源，海量数据存储和处理系统，以及各种特殊设备和仪器等）的共享、选择和汇集。

4.1.3 地震处理和成像高性能计算

地震数据处理不仅数据量庞大，而且对这些数据需要进行数十个乃至数百个处理程序。不同处理程序对每个数据需要执行的浮点运算的数目不同（表4—1）。

表4—1 某些处理程序对每个字节计算量的要求

程序	每字节浮点运算次数
扇形滤波	40（F/B）
VIBROSEIS	32（F/B）
反褶积	45（F/B）
DMO	70（F/B）
FK滤波	400（F/B）
FD时间偏移	20000（F/B）
KS时间偏移	100000（F/B）

有的地震数据处理算法模块对于计算机资源要求较少（例如一维滤波——Decon，FFT，AGC等，二维滤波——Radon transform，FK filter，FX Decon等，这些算法一般为逐道计算，或逐道集计算），有的处理算法，涉及较大数据体（例如，二维叠前偏移成像，二维地震建模，还有的要求很大计算机资源（例如，三维叠前偏移成像，以及全三维——区域分解(FD)，全弹性等）。

地震数据处理目前主要使用集群计算机（Linux Cluster或称PC Cluster）。对于上述要求很大资源的算法，集群计算机需要运行若干月，而对于资源要求较小的算法，集群计算机提供的RAP（实际应用性能）只有PAP（可能峰值应用性能）的10%~15%。地震数据处理需要突破目前集群计算机存在的三个技术瓶颈：计算能力、I/O能力、交互能力。这是由于地震数据处理特点所决定的：(1)地震高精度成像算法往往是高耗时，需要更大的计算能力；(2)高密度地震采集，使得海量数据输入输出成为常规数据处理的瓶颈；(3)不同算法可能在不同域实现，利用不同道集，对实时、交互是挑战。

地震偏移是基于波动方程的处理方法，通过将衍射的能量聚集回其衍射点，将同相轴移动到正确的空间位置消除反射记录失真。在未偏移的叠加剖面上衍射的同相轴，小目标如尖灭和礁体边缘显得模糊，偏移后可能改善成像。早期的地震处理偏移是可选择的，而在目前则成为处理流程的中心，并且通常在叠前进行。

一般认为,在先进的地震处理和成像技术中,逆时偏移(RTM)将产生最佳的图像。逆时偏移计算全波动方程数值解,因此与当前通常使用的偏移方法相比,具有更好的精度,没有下行波延拓技术所固有的倾角限制,不受地下构造倾角和介质横向速度变化的限制,可产生最佳的图像,特别是适用于盐下油藏和盐岩侧翼探边。不过RTM在过去是不现实的。这一方面是由于RTM计算量太大,以往的计算机系统无法实现,另外一方面还由于RTM算法对于速度和反射系数太敏感。现在随着计算机性能的提升,结合更精确的速度建模工作流程的发展,RTM现在已经是可行的成像选择。例如,2008年3月就有两家地球物理公司先后声称:"RTM实现获得重大进展"、"实现RTM商业化",2008年5月,又有一家地球物理公司宣布,"利用各向异性RTM,成功进行了墨西哥湾和巴西海上复杂盐体下面的含油砂岩成像"。

在2020年前,更复杂的地震成像技术将对计算机能力提出更高的要求[2](图4-1),将实现弹性波全波形反演FWI(某些地球物理家学梦寐以求的"圣杯"),但是,它的计算量比RTM更要高出1~2数量级,高性能计算将面临更大的挑战。

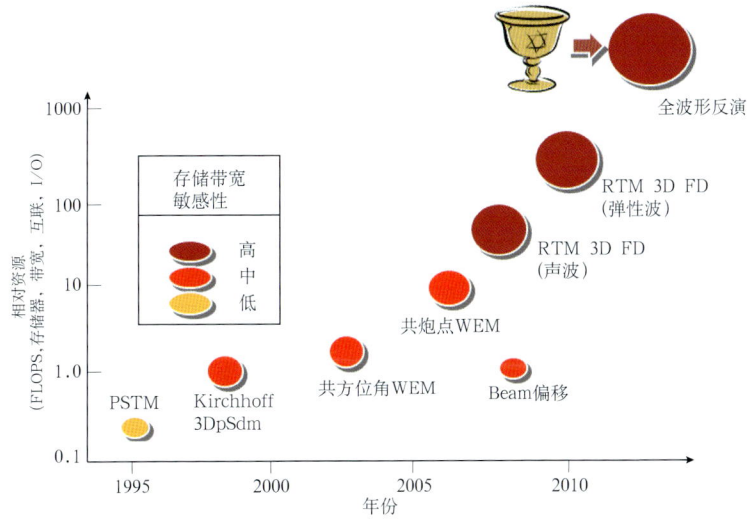

图4-1 地震成像对计算机资源的要求(引用William[2])

应该注意的一个问题是，数据传输往往制约地震处理和成像的计算性能，有不同层次的数据传输问题（表4-2）。

表4-2 存储介质数据传输带宽

介质	大小	延迟	带宽
L1高速缓存	非常小（16K）	1ns（纳秒）	10GBs/s
L2/L3	MB	5~20ns	10GBs/s
主存	数十GB	数十ns	10GBs/s
网络	数十快速节点	数十万ns	100MBs/s
磁盘	数百至数千GB	3~10ms	0.01GB/s

不同应用受约于不同介质传输。例如：二维声学模型只与L1高速缓存和L2/L3有关，三维声学模型则与主存有关，大型稀疏矩阵乘法与网络传输有关，而三维RTM与磁盘传输有关。

高性能软件开发不但要注重选择适当算法、优化数据组织和减少数据传输，还需要发展高性能数据传输技术，例如，采用高性能并行文件系统。

4.1.4 地震解释高性能计算

地震解释工作历来主要应用工作站，近来有地球物理公司提出了高性能地学解释方案。高性能地学解释有几个好处：适应叠前解释和反演需要，适应盆地级勘探海量数据分析需要，适应多体解释和自动解释技术的需要，促进下一代地震解释技术的发展。

地震解释技术的重要发展方向是从以层位为基础的解释转向以体为基础的三维可视化解释。这样的解释工作可在桌面虚拟现实环境或是在沉浸式虚拟现实环境完成。虚拟现实系统是利用计算机生成的能够给人多种感官刺激的高级人机交互系统，包括视觉、听觉和触觉。

在地震解释中将利用叠前数据。过去，叠前数据的使用和分析与解释人员无关。但是随着计算机存储器、网络带宽和磁盘速度的提高，配合软件工程的进步（高效漫游格式、可接受的压缩算法、并行读数据），使得解释员存取和直接使用叠前数据成为现实。

地震解释技术的另一个发展方向是解释自动化。解释自动化有两方面关键技术：(1)基于计算智能的自动追踪。计算智能是受自然界（生物界）规律的启迪，根据其原理，模仿设计求解问题的算法。例如，在断层自动追踪中已经使用蚂蚁追踪方法——上千计算"智能体"散布在数据体中，完成自动拾取工作。(2)先进的反演技术。反演是用从地震资料得到的定量参数，描述地下储层的岩性、物性和含油气性等。实时自动追踪和交互地震反演计算均需要应用高性能计算机。以随机反演为例，一次随机分析需要几百甚至几千小时CPU时间，在一般工作站需要几周甚至几个月时间。即使用64节点256个CPU的集群计算机，也需要几小时才能够完成。

4.2 向量处理

4.2.1 向量处理基本概念

在20世纪70年代至90年代，数组处理机和向量计算机曾经在满足石油物探计算的要求发挥过重要的作用。

超级向量机如，CRAY X–MP，CRAY Y–MP，CRAY 2[3]，超级主机如IBM 3090 VF[4]，Cyber2000，小型超级计算机（如CONVEX C系列），都引入了向量寄存器和向量操作。不同类型的向量寄存器的数目、向量长度以及操作指令可能不同。

以下用FPR表示浮点寄存器（标量），VRn表示向量寄存器n，MM表示存储单元，OP表示操作（加、减、乘、除等），则向量操作基本类型如下：

I型向量操作 VR1 = FPR OP VR2

II型向量操作 VR1 = VR2 OP VR3

III型向量操作 VR1 = VR2 OP MM

IV型向量操作 VR1 = FPR OP MM

每次向量操作的向量段的长度，受寄存器长度（元素数目，也称向量片段长度）限制。假定问题中向量长度为L，则向量操作分段执行，分段数目$S(n)$为

$$S(n) = 1 + \left[\frac{n-1}{L}\right]$$

而所需要执行周期为

$$t = n + t_0 \times S(n)$$

式中，t_0是向量操作启动时间。向量段操作的第一个浮点结果需要t_0个周期时间，随后每个周期时间可以获得一个浮点结果。

有些计算机（如IBM3090 VF）为适应某些科学与工程计算（例如，地球物理勘探数据处理）特殊要求，引入了内积与外积指令，这些指令允许每周期执行二个浮点操作。

乘—累加（内积）

$$VR0 = VR0 + VR1*VR2$$

$$VR0 = VR0 + VR1*MM$$

式中，$VR1*VR2 = \sum_{k=0}^{L-1} VR1_k VR2_k$，$L$为向量长度；$VRn_k$为向量寄存器$VRn$中的第$k$元素。

乘—加（外积）

$$VR1 = VR1 + FPR \times MM$$

$$VR1 = VR1 + FPR \times VR2$$

$$VR1 = VR1 + VR2 \times MM$$

$$VR1 = VR1 + VR2 \times VR2$$

式中，×表示逐元素乘法操作。

许多计算机的存储器与寄存器之间，还有一种高速缓冲存储器，称为快存（Cache）。例如，IBM3090计算机，其快存容量为128KB，在存储器与快存之间，以128字节为单位传送数据。

由于计算机向量处理的速度比标量处理的速度快，在一个程序中，一般不可避免包含有一部分标量操作成分，因此，整个程序运行速度处于向量处理速度与标量处理速度之间某个折衷速度。

设向量速度与标量速度之比为r，程序中标量成分的比率为x，则向量操作的成分为$1-x$。可以期望整个程序运行速度对标量速度之比（称为加速，或加速比）为[5]：

$$S_r = \frac{1}{x+(1-x)/r}$$

图4-2表示一个计算问题，其标量成分（S）占20%，向量成分（V）占80%。假定在标量机上运行时间为100。若这台机器增加了向量处理能力，向量速度为标量速度的4倍，整个程序运行时间可降到40。也就是说，相对作业性能为标量处理的2.5倍。同样，若向量处理速度为标量处理速度的20倍和80倍，则相对作业性能

分别为4.2倍和4.8倍。由此可见，相对作业性能受应用的向量成分约束。

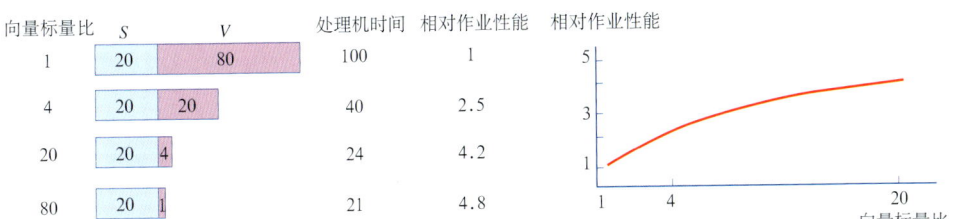

图4-2 向量/标量速度比对作业性能的影响

图4-3表示两台标量速度、向量速度不同的计算机，处理具有不同向量成分百分比作业性能。机器A（标量速度5MFLOPS，向量速度100MFLOPS），只有在向量成分占85%以上时，其性能才优于机器B（标量速度10MFLOPS，向量速度40MFLOPS）。

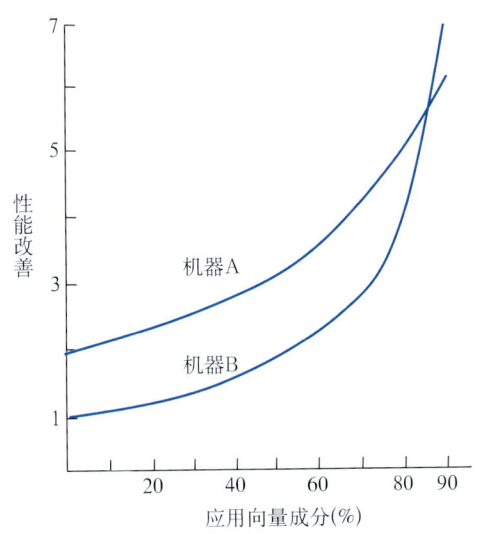

图4-3 向量设计对性能的影响

4.2.2 向量数据存取与向量化

一个计算问题其向量成分多少，不仅与问题有关，也与算法、程序设计、编译系统有关。

科学与工程计算在存储器使用方面有如下两个特点：(1)使用多维大数组；(2)使用DO循环，在一个循环中，可能随机存取多个数组。

对于向量处理，向量指令引用的操作数相邻两个数距离i字，则称步长为i。为提高超级向量机数组存取速度，大多数采用多体存储交叉技术。若步长i是存储体数目M的整数倍，即，相邻的两个数落在同一个体内，就会产生存储冲突，降低向量处理性能。

表4-3是一个向量处理性能测试程序，比较计算矩阵A与向量X的三种不同程序：内积循环、外积循环、非单位步长。图4-4是内积循环与外积循环示意图（注意，矩阵A的元素在存储器中是按照纵列顺序排列）。在几种不同型号的CRAY机器上运行结果见表4-4。由于CRAY机上没有内积向量操作指令，内积循环比外积循环慢3.8倍（CRAY Y-MP）到9.1倍（CRAY 2）。CRAY 2存储体数目$M=128$，上述程序A（内积循环）取数组A元素时，步长$i=256$，刚好是存储体数目的整数倍，因而向量处理性能很差。程序B（外积循环）步长$i=1$，不会产生存储冲突。同样的测试在IBM 3090 180 VF和CONVEX C210上运行，结果见表4-5，这三个程序运行差异不像CRAY那样大。这是因为CONVEX和IBM的编译系统具有较强的向量化能力。根据IBM 3090实际运行自动采样统计，三个程序向量化百分比分别为：内积循环93.02%，外积循环85.57%，非单位步长90.98%。自然，运行速度不仅与向量百分比有关，还与存储器冲突、快存使用及寄存器重用等有关。

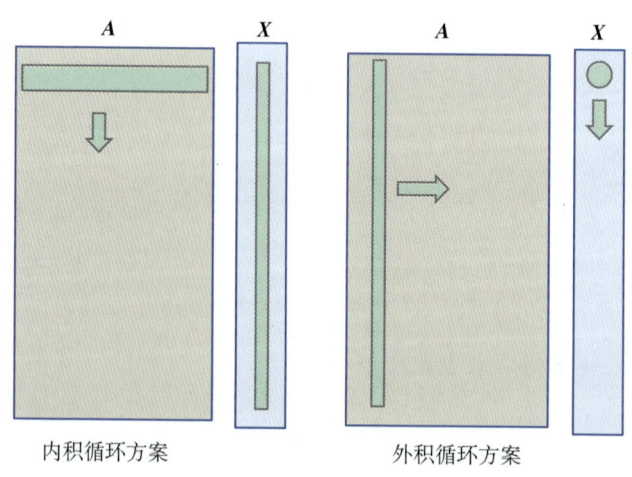

图4-4 内积与外积循环存储访问示意图

表 4-3 计算 $Y = A \cdot X$ 的三个程序

```
[程序A]
      DIMENSION A (256, 256), X (256), Y (256)
      DO 10   i=1, 256
      Y (i) =0.
      DO 10   j=1, 256
10    Y(i)=Y(i)+A(i, j)*X(j)
```

```
[程序B]
      DIMENSION A (256, 256), X (256), Y (256)
      DO 10   j=1, 256
10    Y (j) =0.
      DO 20   j=1, 256
      DO 20   i=1, 256
20    Y(i)= A(i, j)*X(j) +Y(i)
```

```
[程序C]
      DIMENSION A (256, 256), X (256), Y (256)
      DO 10   j=1, 256
10    Y (j) =0.
      DO 20   j=1, 256, 4
      DO 20   i=1, 256
20    Y(i)= A(i, j)*X(j) + A(i, j+1)*X(j+1) + A(i, j+2)*X(j+2) + A(i, j+3)*X(j+3) +Y(i)
```

表 4-4 在 CRAY 机上计算 $A \cdot X$ 的三个程序运行速度 (MFLOPS)

机型	CRAY 2/4 256	CRAY X-MP 14SE	CRAY X-MP 416	CRAY Y-MP 832
程序A	8.9	20.8	45.6	48.2
程序B	80.9	109.2	142.5	182.0
程序C	174.5	145.6	161.8	211.4

表 4-5 在 IBM3090 和 CONVEX C120 机上计算 $A \cdot X$ 的三个程序运行速度 (MFLOPS)

机型	CONVEX C210 (32位)	CONVEX C210 (64位)	IBM 3090180S VF
程序A	46.5	36.6	34.7
程序B	46.4	36.0	32.5
程序C	45.8	37.0	45.5

许多计算机使用快存（Cache）作为缓冲存储器，存放CPU最近使用的数据及其临近存储单元中的数据。快存一般很有效，是由于所谓的程序局部性原理，即程序执行倾向于最近访问过的单元及附近单元。但是，如果在向量处理中，执行访问的元素稀疏地落于多维数组中，会引起频繁更换快存内容，从而降低向量处理效率。因此，程序设计中还应注意减少存储访问，尽量重用寄存器。

科学与工程计算的主要语言是FORTRAN。FORTRAN编译系统对程序进行向量化的过程可以简述如下：

(1)分析阶段：

找出嵌套循环中适于向量化的语句。

(2)递归检测阶段：

确定哪些语句在逻辑上可以向量化。

(3)运算支持阶段：

确定哪些语句在物理上可以向量化。

(4)经济分析阶段：

从可供选择的向量操作和标量操作诸方案中，选择最快的一种方案。

这里给出一个利用数组处理机进行向量处理性能的实例。DMO是将非零炮检距地震数据转换成零偏移距地震数据。常规NMO是把水平界面转换成零偏移距时间剖面，而DMO能把不同倾角的反射转换成零偏移距时间剖面。

DMO向量处理性能是在如下环境下试验的：数组处理机（ST–50）执行向量处理，中央处理机（PE3280）执行标量处理（测试项I）。由于ST–50计算速度比PE3280快12倍，因此，整个作业比只使用PE3280 CPU（测试项II）运行快得多（见表4–6）。

表4–6 DMO 测试

测试项	I	II
CPU	3280	3280
AP	ST–50	—
CPU时间（min）	7.6	60.8
AP时间（min）	4.9	—
总时间（min）	12.5	60.8
向量化（%）	87.5	—

4.2.3 地震向量处理算法设计举例

算法设计是任何地震数据处理系统的设计中要研究的另一关键问题。在向量计算机地震数据处理软件设计中，应该特别注意向量并行算法设计的研究。

4.2.3.1 单道处理

首先我们注意，单道地震数据$\{s_i\}i=0,1,\ldots,n-1$，在数据处理过程中，经常对某一时刻样点s_i，以及其紧邻样点s_{i+k}，$s_{i-k}(k=1,2\ldots)$执行某种运算。而且往往是逐点执行这种运算。表面上看，这是一种标量运算，要循环执行n次（n是样点数目）。若我们引进向量记号

$$S = (s_0, s_1, \ldots, s_{n-1})$$

及移位向量

$$S_{+k} = (s_k, s_{k+1}, \ldots, s_{n-1}, \overbrace{0, \ldots, 0}^{k})$$

及

$$S_{-k} = (\overbrace{0, \ldots, 0}^{k}, s_0, s_1, \ldots, s_{n-k-1})$$

则往往可以把某样点同其前、后样点的运算，转化为向量S和向量S_{+k}和向量S_{-k}的向量操作。以下两个应用实例，都是提高地震软件效率有关键意义的算法。

4.2.3.1.1 线性数字滤波

$$y_i = \sum_{k=-m}^{m} f_k w_{k+i} \quad (i=0,1,\ldots,n-1)$$
$$w_i = 0 \quad (i<0,\ i \geqslant n)$$

每计算一个y_i，要求$2m+1$个乘法，$2m$个加法，共$n(4m+1)$运算。若引进记号

$$Y = (y_0, y_1, \ldots, y_{n-1})$$

$$W_{+k} = (w_k, w_{k+1}, \ldots, w_{n-1}, \overbrace{0, \ldots, 0}^{k})$$

$$W_{-k} = (\overbrace{0, \ldots, 0}^{k}, w_0, w_1, \ldots, w_{n-k-1})$$

$$W_0 = (w_0, w_1, \ldots, w_{n-1})$$

则可以推出

$$Y = \sum_{k=-m}^{m} f_k W_k$$

此公式仅要求$4m+1$次向量操作。

4.2.3.1.2 变算子三点褶积

$$y_i = b_i p_{i-1} + a_i p_i + b_i p_{i+1} \quad (i = 0,1,...,n-1)$$
$$p_{-1} = p_n = 0$$

类似引进记号

$$\mathbf{Y} = (y_0, y_1, ..., y_{n-1})^T$$
$$\mathbf{A} = (a_0, a_1, ..., a_{n-1})^T$$
$$\mathbf{B} = (b_0, b_1, ..., b_{n-1})^T$$
$$\mathbf{P} = (p_0, p_1, ..., p_{n-1})$$
$$\mathbf{P}_{+1} = (p_1, p_2, ..., p_{n-1}, 0)$$
$$\mathbf{P}_{-1} = (0, p_0, p_1, ..., p_{n-2})$$

则容易得到

$$\mathbf{Y} = \mathbf{A} \times \mathbf{P} + \mathbf{B} \times (\mathbf{P}_{+1} + \mathbf{P}_{-1})$$

4.2.3.2 多道处理

在地震数据处理中常常有这样的情况：多个地震道，每个道执行同样的计算过程。这时，若把各道中相同时刻的样点组成一个向量，则有可能实现高度向量化并行处理。以大数据集二维Fourier变换为例。

大数据集二维Fourier变换一般采用如下步骤：(1)对矩阵每一列执行一维FFT：从磁盘中读出一道地震数据，进行FFT，然后写回到磁盘中去。(2)对矩阵每一行执行一维FFT：首先进行矩阵转置，然后对转置后的矩阵执行列FFT，最后再执行矩阵转置。在上述步骤中，大型矩阵转置最为费时，而且至少附加两个磁盘文件。

若在执行第(2)步骤时候，将矩阵的每一列看成一向量，其元素是由各行中相同序号的样点所组成。因此，执行行FFT时，只要把一维FFT中的样点值（纯量）代以相应的向量即可。众所周知，大多数一维FFT程序，对$N=2^n$样点数据变换，要执行n个步骤，在每一步中执行类似如下的操作（$N/2$对），即

$$\begin{cases} a_i^{(S+1)} = a_i^{(S)} + cw \times a_k^{(S)} \\ a_k^{(S+1)} = a_i^{(S)} - cw \times a_k^{(S)} \end{cases}$$

式中，$a_i^{(S)}$, $a_k^{(S)}$是第S步中间结果的第i和第k个元素；$a_i^{(S+1)}$, $a_k^{(S+1)}$是第S+1步中间结果的第i和第k个元素。不同算法i和k的间隔不同，从第S步中间结果计算第S+1步中间结果的公式也不同。例如，有的公式形如

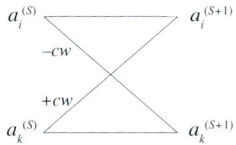

式中，cw是指系数。我们进行行FFT时候，可以把上述a_i和a_k等代以向量$\boldsymbol{A}_i$和$\boldsymbol{A}_k$等，即

读文件中第i列到$\boldsymbol{A}_i^{(S)}$；

读文件中第k列到$a_k^{(S)}$；

向量操作

$$\boldsymbol{A}_i^{(S+1)} = \boldsymbol{A}_i^{(S)} + cw \times \boldsymbol{A}_k^{(S)}$$
$$\boldsymbol{A}_k^{(S+1)} = \boldsymbol{A}_i^{(S)} - cw \times \boldsymbol{A}_k^{(S)}$$

把$\boldsymbol{A}_i^{(S+1)}$写回文件中第i列；

把$\boldsymbol{A}_k^{(S+1)}$写回文件中第k列。

4.3 并行计算

4.3.1 并行计算基本概念

物探数据处理，涉及大量复杂的计算，需要快速计算机。比较有效的解决办法是并行处理。并行处理可以定义为多个处理机协同完成对单一问题（如同一个地震作业）的计算工作。并行处理把单一问题的计算任务进行分解，分布到不同处理机部件并行工作，因此数据处理更加有效。

单处理机的性能随技术进步，机器结构的改进特别是向量处理技术的发展，性能逐年有所提高。但是，单处理机性能有一定限度，进一步提高计算性能今后主要靠并行处理。

地震数据并行处理的方式一般有三种：

(1)数据分割并行。按照数据流分割，相同模块序列同时对不同地震数据子集执行。地震数据处理，特别是三维处理，较容易实现数据间并行。可以把大的三

维数据集分成容易管理的子集，例如，线、道集、道。对于噪声压制、震源反褶积、多次波压制、近地表校正和信号增强等，可以按照子集进行并行处理。

(2)作业分割并行。把一个作业分割为不同作业段，在不同处理机运行。由于地震数据需要从一个处理机"流到"另外一个处理机，所以也称为流水线并行（piping parallelization）。作业分割并行和数据分割并行，都属于粗粒度并行。

(3)细粒度并行，即算法级并行。对于计算量特别大的模块，必须研究专门的并行算法，特别是各种叠前或叠后的时间或深度偏移的并行算法，例如，Kirchhoff偏移、FXY偏移、相移加插值和校正偏移、回转波偏移、保持振幅成像的波动方程偏移、RTM逆时偏移等。应该特别强调的是，地震并行处理需要好的数据管理和并行输入/输出体系结构，因为地震数据体比大多数其他学科的数据大得多，特别是需要更灵活的方法来管理叠前数据体。

我们仍然以前面图4-4中使用的例子进行讨论。在向量处理环境下，若向量成分百分比占80%，向量速度与标量速度比为4:1，则向量处理可望提高作业性能2.5倍。现在考虑并行处理，若可并行处理成分占80%，则双处理机环境性能可望提高4.2倍；若可并行处理成分占90%，则六处理机环境性能可望提高10倍，见图4-5。

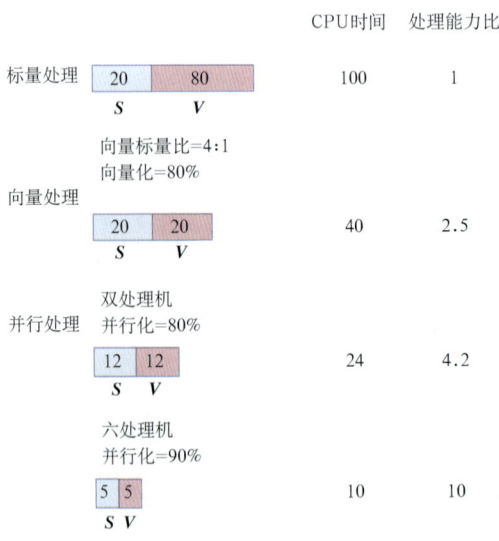

图4-5　标量/向量/并行处理

4.3.2 Amdahl定律

设s是程序中串行部分（在单处理机上）执行时间，p是程序中可并行部分（在单处理机上）执行时间，且$s+p=1$，则在具有P个处理机的并行系统上运行该程序可望加速为

$$Speedup = \frac{s+p}{s+p/P}$$

即

$$Sppedup = \frac{1}{(1-p)+p/P}$$

这公式称为Amdahl定律。

4.3.2.1 并行成分

按照Amdahl定律，加速对于可并行成分p十分敏感。图4-6表示在不同的p值下，加速作为处理机数目的函数。显然，$p=1$时，即程序完全并行执行，则加速等于处理机数目P（线性加速）。若p值变小，加速很快接近极限值，增加处理机并无好处。有许多人因此对大规模并行处理持怀疑态度。

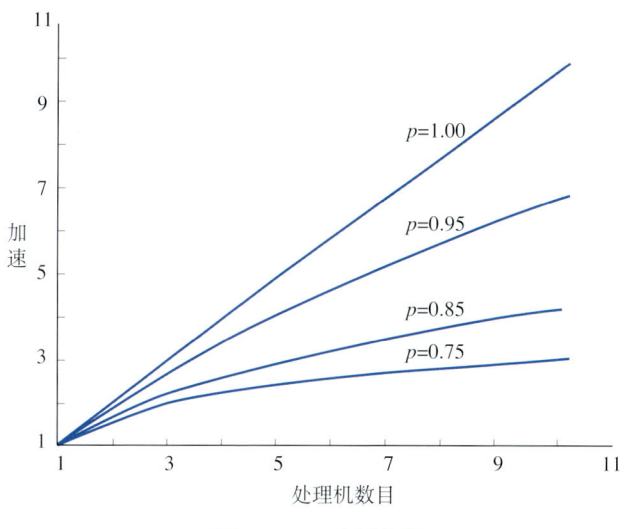

图4-6 Amdahl定律

问题关键在于并行成分所占的比率。即使规模固定，并行成分比率p还可能与

处理机数目有关。让我们考虑一个最简单的例子，将N个数相加。假定使用P个处理机，每个处理机计算部分和，然后使用一个处理机将部分和相加。第一部分是并行部分，第二部分是串行部分。因此，并行成分占比率近似地为

$$p = \frac{N-P}{N}$$

显然，随P增大，p将减少。若把此表达式代入Amdahl定律表达式，经过计算，容易看出，其加速有个最大值，大约在P等于$\sqrt{N}$处。

4.3.2.2 多任务与通讯

科学与工程计算比较成熟有效的工具是多任务子程序。这是一组粗粒度并行处理工具，允许FORTRAN子程序与主程序并行。

由于多任务之间通讯产生附加的时间开销，并行处理的Amdahl定律加速公式要修改成

$$Sppedup = \frac{1}{(1-p) + p/P + OH/X}$$

式中，p和P含义同前；OH是多任务同步（包括任务启动，任务等待，存储竞争等）引起的附加开销；X是单处理机执行花费的时间。

为了解释这种通讯与同步造成的影响，假设在我们的应用中，有一个处理机运行主控程序，启动一系列任务子程序在其他$P-1$个处理机上运行。于是，主控程序处理机要读、接收或发出$P-1$信件或中断，因此，可以写成

$$OH = \alpha(P-1) + \beta$$

式中，α与要完成的什么样同步有关；β是附加项。利用这个表达式与修改的加速公式，可以得出最佳处理机数目为$P = \sqrt{pX/\alpha}$。

4.3.2.3 负荷平衡

并行处理的基本要求之一是要使得所有处理机尽可能处于忙的状态，因此引出如何实现各个处理机工作负荷平衡的问题。

许多人对并行处理实际能达到的性能作出悲观得猜测，都是基于很难使所有处理机同时处于忙的状态。最悲观的猜测是麻省理工学院的Marvin Minsky作出的，他建议用$\log_2 N$作为N个处理机性能估计。

另外一种猜测称为80％规则，认为每增加一个处理机，只提供前一个处理机性能的80％。

第三种估计是由Los Almos科学实验室的Worton作出的，被称为"Few-Fast"规则，N个处理机性能增加为$N/\ln N$。

这里介绍一种等概率负荷模型：在N处理机系统中，使用i个处理机（$i=1$，2，…，N）的概率相同，而且计算工作量在i个处理机间平分。可以导出[6]，在此负荷下，加速估算为

$$\frac{N}{\ln N + 0.577}$$

表4-7列出上述性能估算对比。当然，这些都是假定不可能使得各处理机负荷平衡情况下作出的猜测。实际上，对于地震数据处理应用，容易实现较佳的负荷平衡和较高的并行加速比。

表 4-7　多处理机性能猜测

处理机数目	2	8	16
MINSKY猜测	1	3	4
80％猜测	1.8	4.16	4.86
Few-Fast猜测	2.88	3.85	5.77
等概率猜测	1.57	3.01	4.77

4.3.3　关于可变规模的Amdahl定律

在科学与工程实际应用中，并行成分不仅与问题、算法、程序有关，还与许多其他因素有关，特别是问题规模。

科学与工程计算，往往可以通过控制网格精度、时间步数目、差分算子复杂性，以及其他参数，来控制问题规模。当这些程序在单处理机上执行时，只用于解较小规模问题，以便在合理长运行时间内完成。而在能力较强的多处理机并行系统上运行时，问题规模随之增大。问题规模越大，往往导致并行成分p增大。下面用以个例子说明。

考虑求解N个未知数的N个线性方程组

$$Ax = b$$

此处，A是$N×N$矩阵，右端项b是N个元素向量，x是要求解的N个元素向量。假定

形成矩阵A的时间花费并不太大,问题的串行部分时间的数量级为$O(N^2)$,假定等于αN^2。假设解方程阶段能够全部并行,在单处理机上需要操作时间为$O(N^3)$,假定等于βN^3,则并行成分比例为

$$p = \frac{\beta N^3}{\alpha N^2 + \beta N^3}$$

显然,随问题规模N增大,并行成分p随之增大。

以地震数据批量处理模块为例,在"分析"阶段,获取用户定义的处理参数,主要是串行操作,而实际对数据道、炮进行褶积滤波、FFT或波场延拓等核心运算,则可以并行运算。因此,当数据规模增大时候,可并行的成分显著增大。但是,在Amdahl加速比公式中没有考虑这一特点。20世纪90年代初国外计算机界对于Amdahl加速比公式有过讨论,有人提出了可变规模的Amdahl加速比公式。

这里,简单对比一下Amdahl加速比公式和可变规模的Amdahl加速比公式。任何一个程序,可以划分为串行部分和并行部分。如果s是一个程序的串行部分(在串行计算机系统上)的执行时间,p是程序中可并行计算部分(在串行计算机上)的执行时间,设$s+p=1$,正如在本文中讨论过,在P个处理机并行计算机系统上并行处理Amdahl加速比Speedup为

$$Speeedup = (s+p)/(s+p/P)$$
$$= 1/(s+p/P)$$
$$\approx 1/[s+(1-s)/P]$$

这是固定规模情况,对于比较大的处理机数目P,加速比在$s=0$附近急速下降,陡度大约为$-P^2$。公式还意味着,并行计算最大加速比为$1/s$。也就是说,对于$s=0$,程序可以完全并行计算,加速比等于处理机数目,即线性加速。但若s变大,则加速比很快达到极限值,增加处理机没有好处。曾经有人根据这一点,怀疑并行计算,特别是大规模并行计算的有效性。但是,对于地震数据处理,特别是三维叠前克希霍夫偏移,并行成分非常高,利用超过1000个处理机,仍然可以线性加速。这里,需要考虑变规模情况。假设,$s'+p'=1$为程序在并行计算机系统执行时间(s'是程序中串行部分执行时间,p'是程序中可并行部分执行时间)。P是并行处理机数目,我们得到可变规模的Amdahl加速比公式(也称为Barsis公

式），即

$$Speedup = (s'+p'\times P)/(s'+p')$$
$$= s'+p'\times P$$
$$= P+(1-P)\times s'$$

这个函数在 $s'=0$ 附近，陡度大约为 $(1-P)$，比较Amdahl定律加速比好得多（在 $s=0$ 附近的陡度大约 $-P^2$）。

4.4 集群计算

4.4.1 集群计算机

一般讲，现在的计算机有三种主要架构（图4-7）：单处理机、共享存储器多处理机和分布式存储器多处理机。目前广泛使用的PC集群计算机是一种分布式存储器多处理机，受益于它们的处理速度、存储器、高速缓冲存储器（cache）和磁盘存储器。

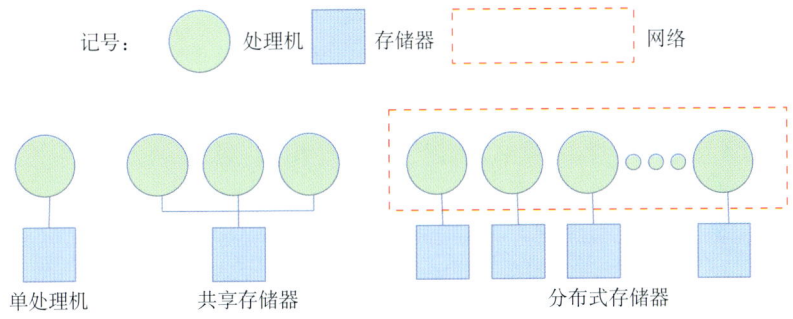

图4-7 三种类型计算机

在集群计算机上并行计算模型，传统上采用"主从方式"——主（master）控制运行程序，控制所有数据，调用从（worker）进行工作。

```
PROGRAM
IF (process = master) THEN
    master程序代码
ELSE
    worker程序代码
ENDIF
END
```

影响并行计算效率的因素也有多个方面，其中之一是"粒度（Granularity）"——计算量与通讯量间的关系。对于"主从方式"地震数据处理而言：主节点一般负责读地震道数据，并分发给各个从节点处理；各个从节点处理并传送回到主节点。这样，粒度大小依赖于传送的地震道数据量和在从节点计算量的关系。

为了提升并行处理效率，需要对传统的"主从方式"进行改进，方法之一是"任务池"。在并行计算环境中，各节点上的计算任务是动态变化的。在一个并行程序加载之前和运行过程中，都无法预测各节点上总的计算负载。静态任务分配，会引起各节点上计算负载的不确定性和不均匀性，严重影响并行计算的性能。在这种情况下，静态分配计算任务显然是不合适的。在并行计算计算环境中，各节点总负载的不确定性和不均匀性要求并行程序能够对计算任务进行动态调整，从而避免某些处理器的空闲等待，提高并行计算的性能，使计算资源得到更充分地利用。需要一种动态分配任务和数据的方法。任务池是一种数据结构，动态地分配任务给不同处理机，指定需要执行的计算并提供相应的数据。任务池方法可以对各节点的计算负载进行动态调整，是解决这一问题的有效途径，它可以有效地解决不规则并行算法中的动态负载不平衡问题。其思想是把整个计算任务分成很多子任务，并将未被计算的子任务放在一个或多个数据结构中组织成任务池。子任务可以在计算过程中动态产生。空闲的处理器从任务池中取得任务并把新产生的任务放到任务池中，直到任务池中没有未被计算的任务且各个处理器都空闲时计算结束。

利用MPI的Master-Worker模式可实现任务池：master进程把新任务分配给worker，worker将计算结果返回给master。Master需要不断检测是否有worker计算结果返回，并分配新任务给空闲的worker。实现过程如下：

(1) 调用MAI_I PROBE，检查是否有worker返回结果；

(2) 如果有，调用MPI_RECV接收由worker返回结果；

(3) 调用MPI_ISEND分配新任务给空闲的worker。

worker从master接受任务并进行计算，计算结果返回给master，并接受新任务。实现过程如下：

(1) 调用MAI_RECV，接受来自master子任务；

(2) 计算子任务；

(3) 调用MPI_ISEND，将结果返回给master。

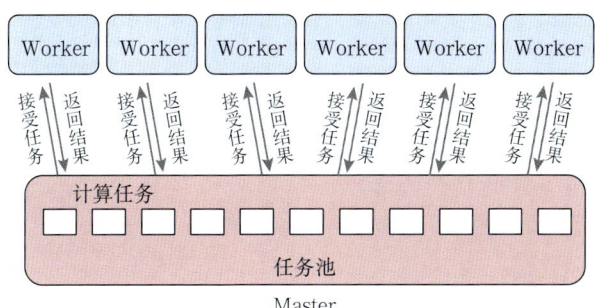

图4-8 任务池方法示意图

任务池方法可以使计算能力强或正处于空闲的处理器多计算一些任务，使计算能力差或还有其他计算任务的处理器少计算一些任务。它不仅可以根据处理器的计算能力和空闲状态合理分配计算任务，而且可以根据各处理器的总负载的变化对计算任务进行动态调整，从而可以最大限度地发挥从master接收新任务。有关任务池方法在地震成像应用的例子见参见4.6.1。

4.4.2 集群数据服务器

提升常规处理流程速度的关键在于：(1)快速读数据和在读的同时进行排序——充分利用现代计算机的大的RAM（随机存储器），通过分析数据在磁盘中原来顺序和处理流程要求的顺序，从磁盘顺序读入尽可能多的数据到RAM，在RAM中执行随机存取操作。(2)并行化的流程优化数据分发。如果采用对处理流程的一系列并行拷贝（称为从进程）简单的分发数据，不具备节点/进程规模的可扩展性，尽管计算资源（硬件磁盘、网络和处理机）没有全负荷，执行速度仍然慢。其原因一般有两方面情形：一是当从进程并行执行时，读数据和在从进程间分发数据仍然是在一个相同序列中，这样会发生从进程完成其处理的那部分数据时，下一部分数据输入却未就绪，并行的批量处理从进程处于等待数据状态；二是当数据通过多进程/节点并行读情况，数据存取随机性增加，整个操作变慢。如果利用通用的系统（如NFS，集群文件系统等）安排共享存储器存取，比从数据服务器到客户直接数据传输，又增加额外开销。上述问题可以通过软件技术解决：由集群数据服务器读数据，并在不同节点间尽可能快速分发数据。

集群数据服务器软件解决方案是用于提高在集群计算机执行常规地震数据处

理流程的速度。集群数据服务器解决方案包括两个组成部分（图4-9）：(1)数据服务器，(2)集成在处理系统的并行输入/输出模块（PPINPUT/PPOUTPUT）。

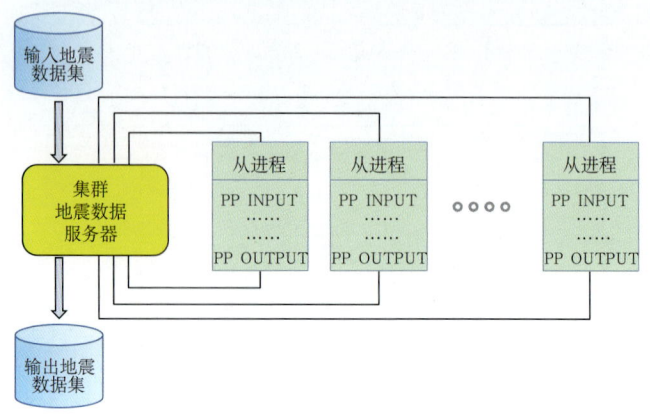

图4-9　数据服务器解决方案组成示意图

数据服务器守护进程程序（daemon），它能够快速读数据和进行数据排序，并可高速传输数据到许多处理流程的从进程。

来自数据服务器的数据通过输入模块（PPINPUT）批量导入处理系统。该模块初始化服务器中的新作业，并供给处理流程数据。为了实现处理流程并行化，PPINPUT可以在不同计算节点启动指定数量的相同批量（"二级"）流程。在"二级"流程中的每个PPINPUT拷贝将向数据服务器订阅数据，为每个流程供给数据。流程的输出通过PPOUTPUT传输回到数据服务器。数据服务器负责请求的并行处理，流程数据分派的协调，以及收集处理结果到输出数据集。

数据服务器解决方案不影响处理流程内部模块的执行，处理模块与使用标准的输入和输出一样。相同作业的许多处理流作为独立流程并行执行，相互不干扰，实现最大规模的可扩展性。

4.4.3　多核和GPU计算

前面已经提到过摩尔定律：集成电路上可容纳的晶体管数目，每隔18个月翻番，性能也将翻番。过去几十年间，摩尔定律大体上正确：如图4-10a所示，Intel处理器芯片集成度每24个月翻番。但是，由于投资、市场、设计复杂性、材料和工艺诸多因素影响，终将造成摩尔定律的终结。目前，计算机发展的一个趋向是：性能提升方式从"提高主频"变为"增加核"，从多核（Multicore）到众核（Many core）架构的转变。有人预测，主流计算机处理器每隔两年核心数量就会翻一番，即2009年的8核设计，2011年的16核设计，到2013年的32核设计。当然，实际上处理器的发展能否按照这样的指数速率保持持续的增长还是一个未知数。沿着这一道路前进，未来可能开发出大规模核，即一块芯片就可以容纳数千个处理核。但是，正如图4-10b所示，以往随计算机主频提高，串行程序性能随硬件性能而明显提升，对于一些程序员而言这是某种"免费午餐"，如今在多核/众核情况下，随着核的数量增加，串行软件的性能增长明显低于硬件性能增长，所以，需要与之相应的并行程序设计。计算机专家警告："免费午餐已经结束（The Free Lunch Is Over）"。我们面临的所有处理器将都是多核的，所有计算机将都是大规模并行的，所有程序员将都是并行程序设计员，所有程序将都是并行程序。当然，软件程序并行化工作会有各种阻力，如软件惰性、硬件惰性、缺乏培训、资源使用权有限制等。

高性能计算架构和编程模型正在转变：一方面，CPU核在不断增加，另一方面，加速器/GPU影响增加，将是影响未来超级计算机的角色之一。转变带来的问题是：出现更多的不同架构类型和混合架构（如多核CPU+GPU）。转变遇到的挑战是：计算核心如何在不同架构上得到好的性能。

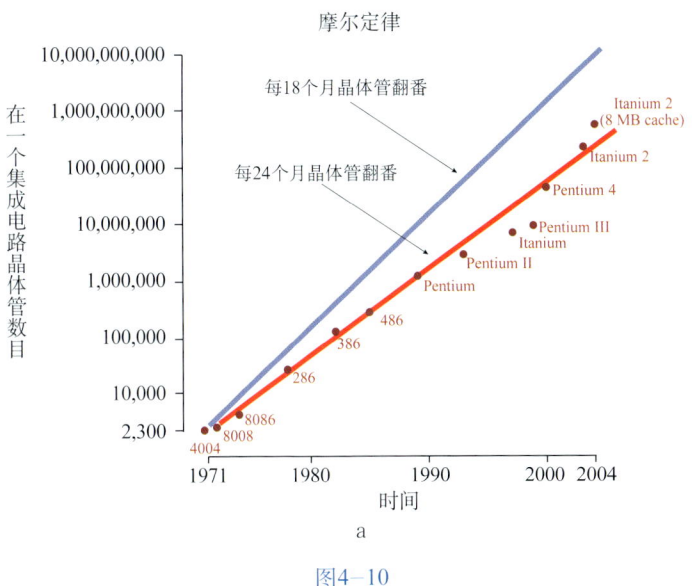

图4-10

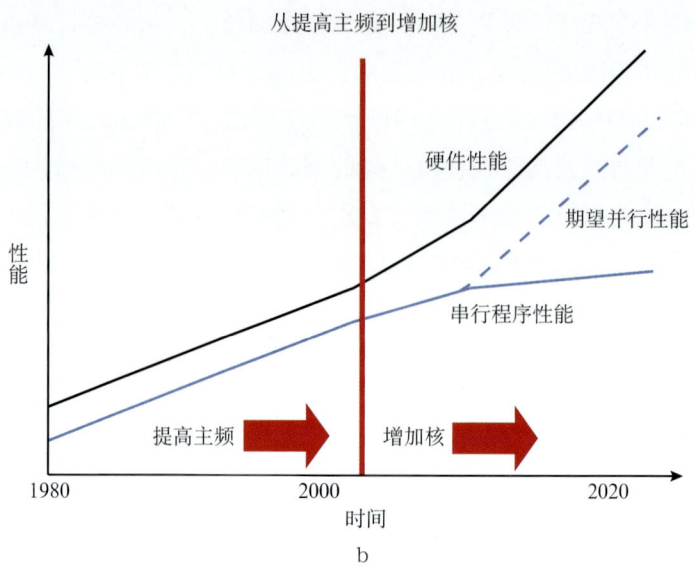

图4-10　计算机处理器的发展趋向示意图

图4-11表示具有 $p=m*n$ 处理器的集群计算机（m 是节点数目，n 是每个节点共享存储器的核数），有两个典型编程途径：(1) p 个MPI进程（平常的基于MPI程序）。(2) m 个MPI进程，每个MPI进程 n 个线程，需要对基于MPI的通常程序大量修改。

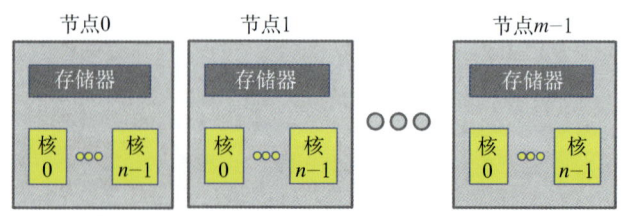

图4-11　$p=m*n$ 处理器的并行机

这里介绍第三种途径——双模MPI和混合MPI+线程：采用途径(1)执行某些部分（应用程序主线），其他部分（如求解方程的程序）采用途径(2)。双模程序设计模型的挑战是，利用所有的核，节点线程需要访问节点上来自所有MPI任务的数据，其解决的方案是MPI共享存储器分配。

至于GPU计算，显然，并非所有应用问题100%适用GPU计算。但我们可望更广泛地利用GPU。例如，具有6GB的GPU存储器，2GB的地震数据同时使用400

个以上GPU核，利用正、反FFT进行带限滤波。利用GPU或其他加速器的一个例子是Acceleware公司的逆时偏移解决方案AxRTM库（图4-12）。AxRTM架构允许按照模块化方法增加地球物理功能。当前支持的硬件有Intel/AMD多核CPU 和NVIDIA GPU 。设计考虑了支持未来的计算硬件。域分解模块将偏移数据体分解到多个计算节点，允许偏移数据体非常大（大的面积、深度和频率）。照明计算过程产生一个数据体，可用于校正由于地下照明不一致引起的输出成像体振幅变化。在逆时传播过程中应用成像条件，AxRTM当前已经实现互相关成像条件。波场历史模块提供逆时存取震源波场。

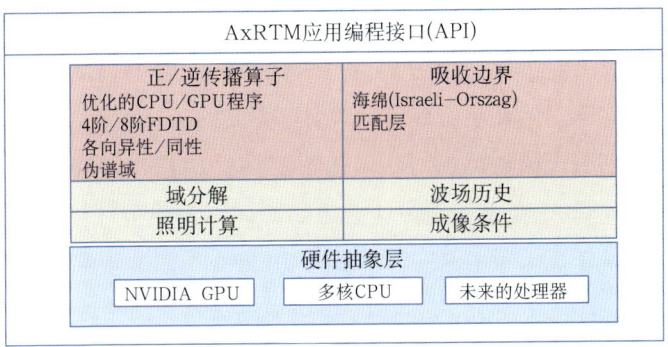

图4-12　AxRTM架构

4.5　地震数据并行处理模式与应用框架

4.5.1　地震并行处理模式

无论发展大规模并行计算机的并行处理系统，还是发展基于工作站集群的并行处理系统，都需要研究适当的并行处理模式。在可以有效利用这些硬件之前，要克服许多困难。困难之一是缺乏软件开发工具帮助建立新的并行程序，以及把现有的串行程序并行化，避免开发、调试、测试并行程序过程中花费过多时间。

建立软件工具，使开发并行程序变得容易，是并行计算领域关心的主要问题之一。为了降低软件开发的复杂性，无论串行还是并行程序，一般采用抽象技术。有两种对付复杂性的方法。第一种，提高抽象的层次级别，开发者可以在高层次模型领悟和解决问题，而不必关心不必要的细节。第二种，提供先进的工具，使得开发工作中具有重复性的、容易产生错误的工作自动化或简化。并行程序设计工具应该提供支持在处理机间的进程高层次通信和同步的机制。

地震并行处理模式是从大量并行应用程序(特别是中粒度和大粒度并行应用程序)中常见的并行程序设计技术基础上抽象出来的有意义的、通用的并行结构，因此可以开发支持这些结构的并行处理系统。

作为地震并行处理的例子，考虑相干速度谱计算，由三个模块组成：DataIn、Coherency和Display。其中，DataIn按照相干速度谱计算的要求，读入有关地震数据集。接着调用Coherency执行该道集的相干速度谱计算，输出一系列地震相似系数值。最后，Display模块执行速度谱显示。随后，模块DataIn继续读下一个道集，重复整个过程。

这个应用的一种简单并行化方法是让三个模块以流水线方式，在不同处理机节点运行(图4-13)。在读入一个道集后，DataIn把它传送给Coherency处理，并开始对下一个道集工作。同样，Coherency传送其结果给Display，并从DataIn接受下一个道集。因此，三个模块可以对不同道集工作。现在，如果Coherency比DataIn和Display处理时间长(在实际处理中通常是如此，因为相干计算通常需要比其他成分需要更多的处理时间)，可以被实例化为多个实例，如图4-14所示。这样做是可能的，因为每个道集的处理是独立的。类似地，如果我们想改善Display性能，也可以实例化为多个实例。

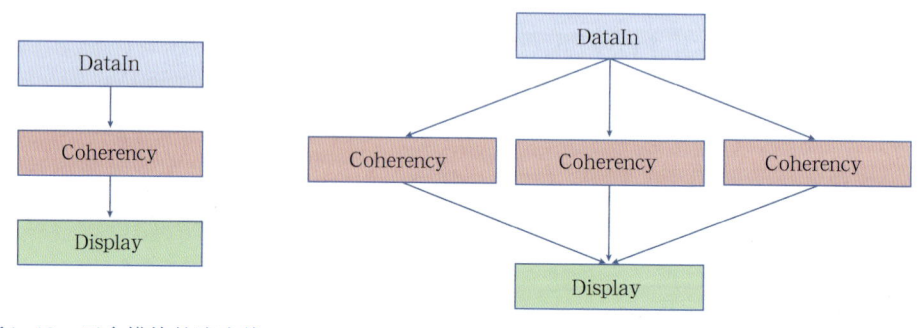

图4-13　三个模块的流水线　　　　图4-14　一个模块有多个实例

这个例子说明了两个重要的事实：

(1)除了修改对于Coherency和Display的调用接口外，串行版本和并行版本完全相同。

(2)两种并行版本（"流水线"和"多实例"）的差异仅仅在于它们使用的设计模式不同。每种情况应用程序本身基本相同。

我们发现有四种适合地震并行处理的基本模式：流水模式、扇出/扇入模式、主从模式，以及上述各种模式的混合。

流水模式的示意图见图4-15。流水也称为功能模块顺序分解：把不同功能模块分配在不同处理机节点运行，这是最显而易见的。因为传统的地震处理过程总是组织为一系列模块的"流程"，如果把这些模块分段放在不同处理机上运行，就可以构成流水方式。注意，一个作业被分割为不同的阶段，每个阶段包括一个或多个顺序的模块，跨处理机分布。数据必须流经流水线的每个阶段。假定我们有三个模块M_1、M_2和M_3，分别在处理机P_1、P_2和P_3上运行，需要的处理机时间分别为t_1、t_2和t_3。可以看出，流程处理的第一个输出需要运行时间为$t_1+t_2+t_3$，而在流水线充满后，其他输出需要的最长时间为流水段中的最长时间t_{max}。理论上，如果不考虑处理机间通信的开销，获得n个输出的并行加速比(即单处理机执行时间与多处理机执行时间之比)为

$$S_n = \frac{n\sum t_i}{\sum t_i + (n-1)t_{max}} = \frac{1}{\frac{1}{n} + \frac{(n-1)}{n}r_{max}}$$

式中，r_{max}是流水段中最长时间与总时间之比，即

$$r_{max} = \frac{t_{max}}{\sum t_i}$$

对于处理循环很大的情况，有

$$S_{n=\infty} = 1/r_{max}$$

即加速比依赖于最长流水段时间与总时间之比。

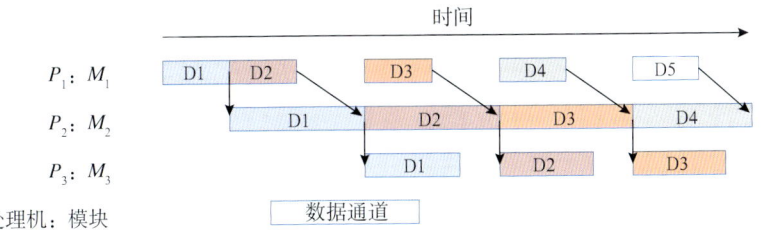

图4-15 流水模式示意图

扇出/扇入模式，也称为克隆模式，其示意图见图4-16。克隆是复制一个模块，使它可以同时在许多处理机运行。因此，我们可以有大量相同的模块对不同的数据工作。只有在模块中确定读哪些数据的部分需要变化。这种设计模式的数据结构要求输出的子集只依赖相应的输入子集。一般地讲，应用或作业的一部分是可以"克隆"的，而剩余部分则必须在单一节点运行。我们称之为部分克隆。因此，必须从一个单处理机扇出到"克隆"了的多个处理机，和从"克隆"了的多个处理机扇入回一个单处理机。这里，每个节点接收的数据子集、所有模块同步运行，当处理完成时数据同时输出。在一个处理循环中，如果一个模块M_p的计算量t_p特别大，采用流水方式不可能获得高的加速比，这时可以利用克隆这个模块到m个处理机的方法，其理论上加速比为

$$S_m = \frac{\sum t_i}{\left(\sum t_i - t_p\right) + t_p/m} = \frac{1}{1 - \frac{m-1}{m}r_p}$$

式中，r_p是"克隆"的模块运行时间占总时间的百分比，即

$$r_p = \frac{t_p}{\sum t_i}$$

当处理机非常多(大规模并行处理)的情况下，理论的加速比为

$$S_{m=\infty} = \frac{1}{1-r_p}$$

某些包含太大数据结构的模块，不能够放在单一节点存储器，也可以采用扇出/扇入模式并行，如F-K域偏移和滤波。

主从模式的示意图见图4-17。图中表示有一个主节点运行主模块(B)和其他模块(A，C，D)，另外有多个从节点运行从模块(b)。从模块(b)由主模块(B)调用。作为例子，主节点从磁带或磁盘读输入道，并确定输入道应该映射到的面元，传送输入道到该面元对应的从节点，然后读下一个输入道等。这样，从节点在其输入满足后，开始计算，在计算完成后通知主节点，并等待来自主节点的新输入。需要采用主从方式的模块是计算量大的模块，例如，Kirchhoff偏移、DMO和DMO速度分析等。在DMO情形下，每个节点使用全部数据，计算输出道的子集。在

DMO速度分析的情形，每个节点使用所有数据，计算速度扫描图的子集。

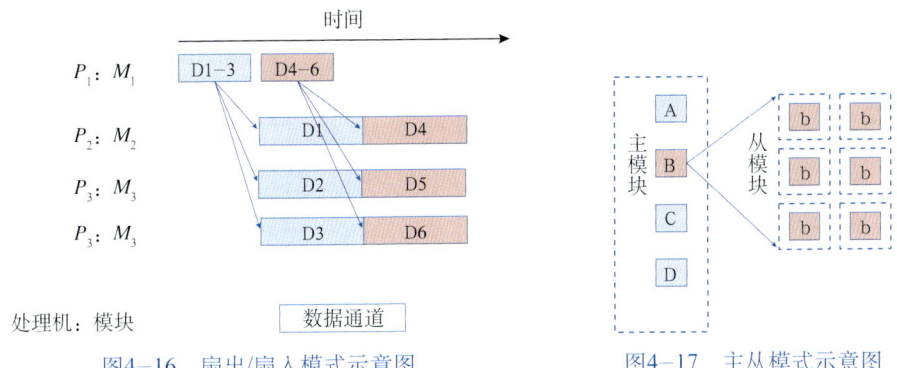

图4-16　扇出/扇入模式示意图　　　图4-17　主从模式示意图

主从模式通常可以采用的并行化技术有：

(1)简单并行化。其特点是模块对互不相关的数组运算，可以用SPMD(单程序多数据)方式。例如，对整个数据集进行滤波，滤波主模块可以调用多个滤波计算从模块，在各自独立的节点上对一个地震道或一组地震道进行滤波。

(2)区域分解并行化。其特点是把原来计算区域的子域分配给不同的节点，或使一个多维数组沿节点分布。其代价是计算全局参数时需要协调处理机间的通信。为了减少通信开销，这种方法适合粗粒度或中粒度区域分解。区域分解的另外特点是数据交换往往是在相邻节点进行。

(3)变换域并行化。某些模块在对数据执行傅里叶变换或其他数学变换后，各个子域往往可以在不同节点独立地进行计算。对于分散在多个节点的多维数组进行多维傅里叶变换时，数据转置需要特殊算法，例如，花砖算法是一种有效的并行转置方法(图4-18)。

有关主从方式的并行处理模式的效率分析，涉及的问题很多。并行程序的执行时间要考虑主节点和从节点的计算时间，以及主节点和从节点间的通信开销。而通信开销包括输入数据集、辅助数据集和输出数据集。对于三维叠前深度偏移并行计算，有许多文献进行过比较深入的讨论。

混合模式是以上两种或三种模式的结合。这在地震处理中经常可见到。

结论是，我们有多种地震并行处理模式，来达到系统最大吞吐力和系统最大效率。模式的多种多样，反映了今天的地震勘探面临的计算任务多种多样。

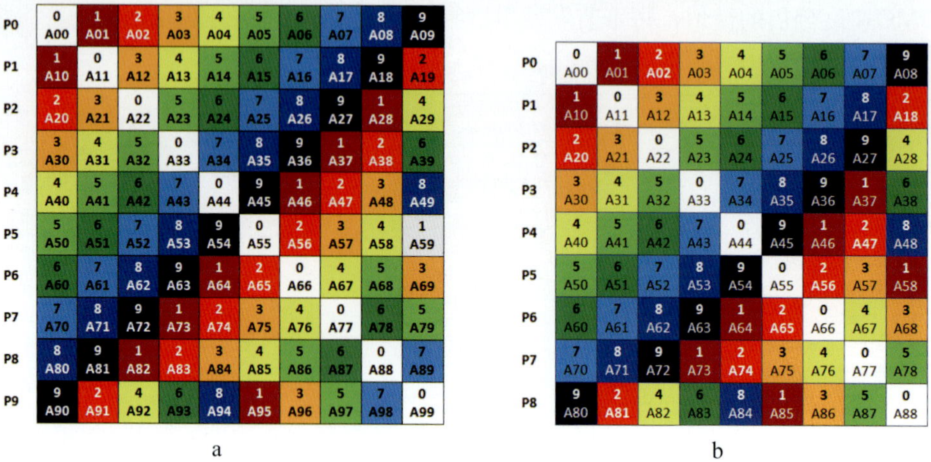

图4-18 花砖算法[1]

a—处理机的数目为10情况； b—处理机的数目为9情况

4.5.2 GRIPF并行处理应用框架

应用框架与设计模式概念密切相关。框架和模式的目的都是重用成功的软件设计策略。设计模式可以用于应用框架的设计。一个应用框架可以包含多个设计模式。特别是框架可以看成设计模式的系统实现。但是，还要认识到：设计模式与框架是两个不同的东西。框架是可执行的软件，而模式是关于软件知识和经验

---

[1] 花砖算法

假设一个多维数据数组，分散在多个处理机节点。为了讨论方便，假定处理机的数目为10，而每个处理机$P_i (i=0,9)$中包含子数组$A_{ij} (j=0,9)$。大型数组转置，要求对所有的i和$j (i \neq j)$，P_i中的A_{ij}与P_j中的A_{ji}交换，我们记之为$P_i \leftarrow \rightarrow P_j$。

花砖算法步骤如图4-18a所示，其中每个小格上方的数字，表示执行的时间步序号，即

第1步，P0←→P1，P2←→P8，P3←→P7，P4←→P6，P5←→P9

第2步，P0←→P2，P1←→P9，P3←→P8，P4←→P7，P5←→P6

第3步，P0←→P3，P1←→P2，P4←→P8，P5←→P7，P6←→P9

……

图4-18a如同铺设的花砖，故称为花砖算法。仔细考察图4-18a可以看到：

(1)在10个处理机节点的情况下，每个时间步的所有五对交换数据的操作，可以并行进行。

(2)容易在每个处理机生成确定其每个子数组与其相应处理机进行数据交换的时间步的表格。

(3)这样的算法可以用于不同的处理机节点数目。不过，处理机节点的数目为奇数的情况，与偶数情况稍有区别，图4-18b是处理机节点的数目为9的情况。

的抽象。基于这样的考虑，可以认为：框架具有物理性质，模式具有逻辑性质；框架是多个模式的物理实现，模式是这些物理实现的指南。

以前面讨论的地震并行处理模式为基础，我们实现了一个地震并行处理应用框架。这个框架是在消息传送库(MPL)的基础上开发的。有两种类型消息传送库可供选择：PVM和MPI。并行虚拟机PVM是一个集成的消息传送库及有关软件工具集合，模拟一个由多个计算机互联构成的、通用灵活的异构并发网络。利用PVM建立的一个并行程序，是作为在一组计算机上运行的一组并发进程。消息传送接口MPI是标准的编程语言接口程序库，用于建立由C或FORTRAN编写的、具有可移植性的并行应用程序，在系统性能优化和通信进程拓扑互联多样化等方面，具有优越的特点。

GRIPF是在GRISYS地震数据处理系统基础上发展的[7]。GRISYS曾经是中国应用最为广泛的国产地震数据处理系统。系统的主要成分包括：翻译子系统、执行子系统和数据库管理子系统。翻译子系统，把专用的地球物理语言编写的地震作业描述，转化为可以由执行子系统调用的程序和相关的表格。执行子系统管理地震应用模块循环调度、资源分配和数据输入/输出。数据库子系统管理各种处理参数和处理历史库。

GRIPF地震并行应用框架对GRISYS的地球物理语言进行了扩充，增加了并行定义语句，以便描述需要插入并行框架运行的模块。并行定义语句的形式为

    ：PPTASK Pn，N TLm，WAIT   扇出语句

    ：TSKEND   扇入语句

    ：PPIPER   流水语句

其中，在PPTASK语句中，n表示紧接在该语句后面直到TSKEND之前的各个模块，被克隆到n个节点执行。m为地震数据集中最大地震道的数目，缺省为128。在编码中若出现WAIT表示用户希望等待各个依次传送数据后，启动节点执行，缺省为不等待。

TSKEND扇入语句，接收前面被克隆的各节点输出的数据，汇集后传送给后面的模块执行。

PPIPER流水语句把地震作业分成流水段，衔接前面流水段的输出和后面流水段的输入。

举例如下：

:	JOB	作业语句
:	DBAXX	数据库定义语句
:	A	模块A
:	B	模块B
:	PPTASK P4	扇出语句
:	C	模块C
:	TSKEND	扇入语句
:	D	模块D
:	E	模块E
:	END	作业结束定义

在上面例子中，除处理并行定义语句外，我们省略了具体模块的参数。按照这个定义，该作业分成几部分执行：模块A和B在一个节点执行；模块C被克隆到4个节点执行；模块D和E在一个节点执行。在图4-19中，虚线框表示节点；带阴影的方框表示功能模块。应该注意的是所有模块与串行模块没有任何区别，完全通过并行定义语句，插入到并行执行子系统应用框架中，实现了流水和扇出扇入并行处理。

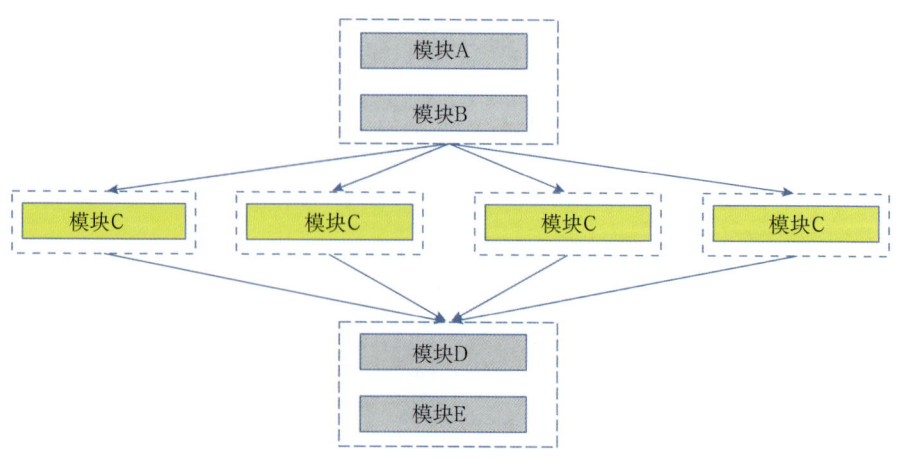

图4-19 一个扇出/扇入并行处理作业示意图

在下面举例中，作业分成3个流水阶段，在不同节点运行，如图4-20所示。

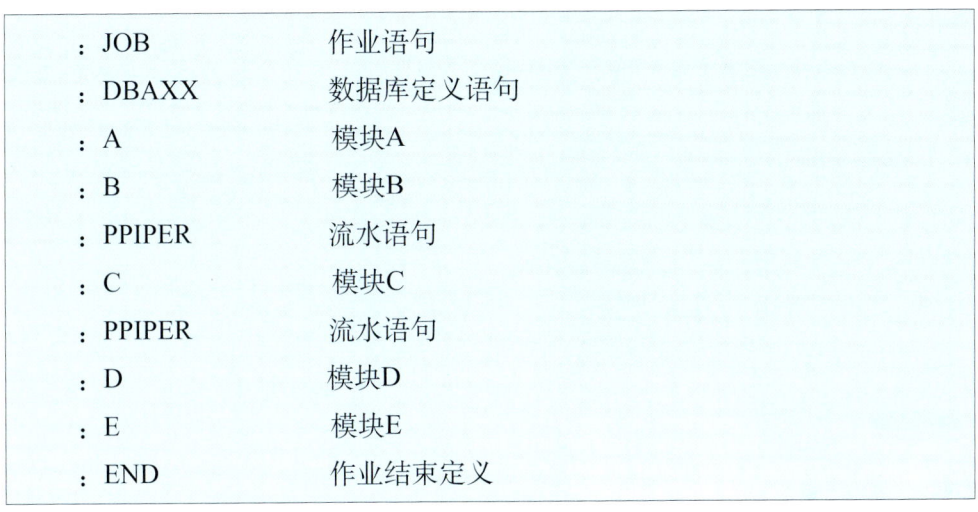

图4-20 流水并行作业示意图

与在系统级实现的流水模式、扇出/扇入模式不同，主从模式需要应用程序员把一个串行模块分解为一个主模块和一个或几个从模块，即在模块内部实现并行化。这需要修改原来的串行模块。每个主从模块有自己的模块名字。由于在这样的模块中往往包含多重处理循环(例如，FORTRAN的DO循环，C的for循环)，按照循环分割经常是实现这种设计模式的有效途径。把串行模块修改成为并行模块可以直接利用消息传送库(MPI)，也可以利用应用框架提供的主从方式类库，隐蔽消息传送接口和输入/输出某些细节。

流水和扇出/扇入语句，以及主从方式的模块语句混合使用，构成混合并行处理方式。

基于地震并行处理模式开发的并行应用框架系统有许多优点。其中包括：

(1)在系统框架级上实现并行处理，这是高层次的抽象。以往大量串行模块可以不改动，在工作站集群计算机或大规模并行计算机上实现并行处理。

(2)应用框架为用户提供并行定义语句，采用当时中国应用最广泛的GRISYS地震处理系统相同的编码方式，使用户可以方便组织并行作业。

(3)应用框架提供用户插入自己编写的主从方式并行处理模块的能力，便于扩充。

(4)应用框架采用工业标准的消息传送库(MPI)编写,有比较高的并行处理效率。

下面介绍一个在曙光2000-II并行计算机上运行的实例。处理的数据是某探区的一束三维地震测线采集的数据,共10396炮,每炮24道,总道数94920道,每道5000ms,采样率为4ms。作业编码如下:

: JOB	作业语句
: DISKIN	数据输入
: PPTASK Pn	并行扇出
: AUTOED	自适应去噪声
: RELNOI	线性去噪声
: TSKEND	并行扇入
: DISKOUT	数据输出
: END	作业结束语句

这里我们省略了扇出/扇入语句以外的所有模块参数。在扇出语句PPTASK中,参数Pn中的n定义扇出节点数目。在试验中分别采用10,28和60。数据输入和输出模块分别另外占用一个节点运行结果与串行作业(在串行作业中,只是在上述作业编码中去掉了PPTASK和TSKEND语句)。即串行运行时间为10h53m25s,而利用(10+2)节点并行处理驻机时间为1h8m55s,利用(60+2)节点并行处理驻机时间为12m4s等。试验表明,并行处理加速比与节点数目成正比,线性加速。注意,在利用(10+2)节点并行处理情况下,并行效率略低于节点较多的(28+2)和(60+2)情况,是因为由输入模块和输出模块单独占用的两个流水段节点的利用率相对比较低的缘故(表4-1)。

表4-1 在曙光 2000-II 并行计算机上并行处理

作业序号	节点数目	驻机时间	加速比	并行效率
1	1	10h53m25s	—	—
2	10+2	1h8m55s	9	79.0%
3	28+2	24m53s	26	87.5%
4	60+2	12m4s	54	87.3%

4.5.3 GeoPF并行处理应用框架

本节介绍由赵长海等为GeoEast系统开发的GeoPF数据并行框架[8]。GeoPF是对前面介绍的GRISYS并行框架的发展。数据并行程序中,并行数据流的粒度选择非常重要,粒度的选择与领域的数据特征和算法的数据依赖关系密切,同时要权衡普适性和实现难度。GeoPF选择道集作为数据并行粒度,如果作业内只有道集模块和单道模块,道集数据流之间就不会有依赖关系,并行数据流的构建与控制和循环控制都是由框架运行时系统完成的。

GeoPF运行时系统的实现策略依赖于具体的计算环境,在2010年前后典型的地震处理集群系统有如下特点:(1)计算节点的典型配置是两个64位双核或四核x86处理器,4～8GB内存,Linux操作系统。(2)集群包括32～512个计算节点,所有节点具有相同软硬件配置,节点之间千兆以太网互联。节点故障很常见,常见的故障源有内存、主板和磁盘,其中磁盘故障率最高,除了硬件故障外,还会由于磁盘占用率100%导致系统运行异常缓慢,磁盘存在坏道导致频繁纠错引起的磁盘读性能急剧下降。(3)存储系统基于NAS或者SAN,地震数据管理系统管理磁盘阵列上的数据并提供数据操作接口。存放在磁盘阵列上的每一地震道都有对应的索引存放在数据库中,读地震数据之前需要读取索引,用索引定位地震数据;数据的写操作必须是串行的。(4)用户提交作业至调度系统,调度系统为作业分配计算节点并调度执行。

图4-21是GeoPF作业的执行过程,作业调度系统首先调度执行作业的Master进程,然后Master在调度系统分配的计算节点上启动Worker进程,Worker创建执行控制线程(也称为计算线程)并将它们映射到节点内的CPU核上,每个计算线程独占一个CPU核。每个计算线程都加载了同样的处理模块组合,为避免模块内的全局变量或者静态变量引起线程安全性问题,必须保证处理模块处于不同的地址空间内。

如前所述,为避免数据流之间的依赖性,GeoPF选择道集作为数据并行的粒度,一个道集数据大小是10～60MB。GeoPF支持两种读取地震数据的策略,一种是Master顺序读取道集数据然后分发给Worker;另外一种是Master分发道集的索引给Worker,所有Worker用索引并行读取道集数据。实验中后一种策略并没有提高I/O吞吐率,反而比前一种策略的性能略差,我们认为主要原因是并行读导致访问文件的位置有很强的随机性，无法利用文件系统的预取优化，降低磁盘的Cache命中率。

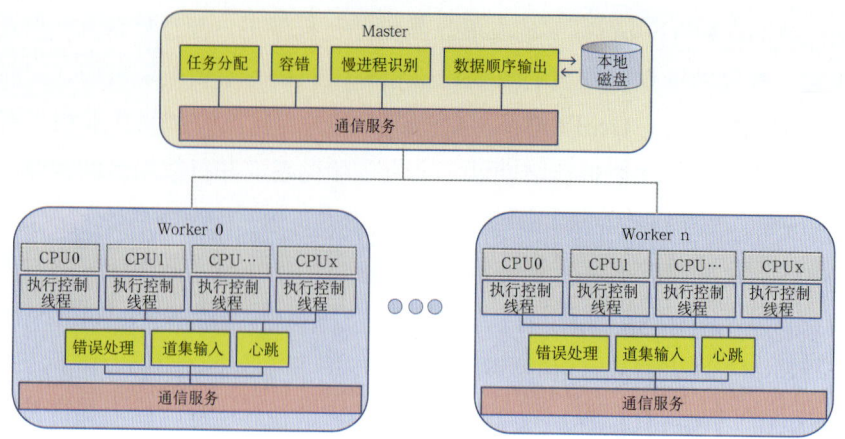

图4-21　GeoPF作业执行示意图

　　Worker采用流水线并行迭代计算和数据通信，Worker内设置多个道集数据缓冲区，接收线程将Master发来的数据写入空的缓冲区，计算线程从缓冲区取数据，如果计算时间与I/O和通信的比率足够大，这种优化机制为计算线程提供持续不断的数据流，降低计算线程等待数据的时间。

　　Master分发数据基于PULL模式，Worker内一旦有空的道集缓冲区，就向Master发送请求，请求不会阻塞等待，而是立即返回。Master将Worker的请求放入一个环形队列，道集分发线程采用先来先服务的原则，从环形队列中取请求并向Worker发送道集，如果队列为空，分发线程阻塞，这种分发模式可以保证不会分配给Worker过量的任务，平衡Worker的负载。

　　Worker将处理过的道集发送给Master，由Master顺序写入输出文件（Master发送给Worker道集都标记有序号，处理过的道集按此序号依次写入输出文件）。

　　Worker所在节点负载不同，道集内地震道数目的差异都有可能导致处理过的道集返回Master的顺序与道集被分发出去的顺序不同，所以Master需要使用本地磁盘缓存处理过的道集。一个最直观的输出策略是，在Master内创建一个辅助线程，该线程从磁盘缓冲区内依次读取道集，写入位于磁盘阵列的输出文件，如果按序该输出某一道集还未被Worker处理完，那么就形成辅助线程阻塞。这种输出策略的一个最严重的问题是在同时读写磁盘的情况下，数据读取速度将会呈几十倍的下降，主要是因为文件系统写的优先级高于读的优先级，读操作被长时间延迟，导致Master节点缓冲区内积累大量数据无法及时写入输出文件，磁盘空间耗尽引起程序运行失败。

图4-22显示GeoPF采用了一种高效输出策略，用到三个线程，两级缓冲区。内存缓冲区存放即将写入输出文件的道集，假设当前需要输出的道集序号是S，内存缓冲区内槽的个数是N，道集序号G在$S \sim S + N$范围内的即可认为是即将输出的道集，存放在第$wldx$($wldx = G\ Mod\ N$)个槽内。Receiver线程接收Worker处理完的道集，如果该道集是即将输出的道集则写入内存缓冲区，否则写入本地磁盘缓冲区，Receiver线程不会被阻塞；Output线程从内存缓冲区第$rldx$($rldx = S++Mod\ N$)个槽读取道集并输出，如果槽为空，该线程阻塞；Tuning线程周期性地将磁盘缓冲区内即将输出的道集转移至内存缓冲区。从图中可以看出，磁盘缓冲区用到了两块磁盘，以此来避免读写竞争，采取"写避让读"的原则，即Receiver线程总是绕开Tuning线程正在读的磁盘，将道集缓存在另外一块磁盘上。上述GeoPF采用输出策略有三个方面的优化效果，一是减少本地磁盘的I/O次数；二是避免在同一块磁盘上同时进行读写操作；三是读磁盘缓冲区与写输出文件可以并行执行。

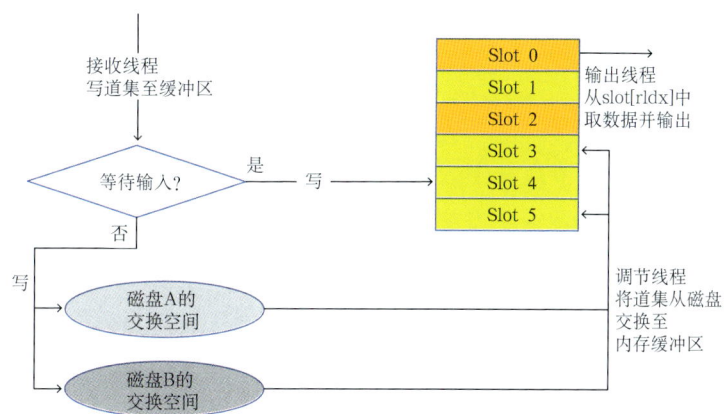

图4-22　顺序输出策略示意图

GeoPF数据并行框架具备慢进程识别与清除的能力。集群运算环境内经常发生某个计算节点非常慢，运行于该节点的Worker花费过长的时间才能处理完一个道集，拖慢整个作业的运行速度，我们称这样的Worker进程为"慢进程"。

GeoPF作业中道集是按序号依次输出，如果道集在慢进程内长时间处理不完，输出就会停滞，影响作业的整体性能。引起节点变慢的原因有很多，例如作业调度系统在该节点上分配了过多的作业，就会造成CPU、内存、本地磁盘或者网络带宽的争用。

GeoPF使用一个有效的方法识别和清除慢进程。Master周期性地度量所有Worker的效率，Worker的效率可以由其最近处理的几个道集所花费的平均时间来度量，假设作业有m个Worker，某一Worker最近n个道集的处理时间构成集合：$W_i = \{t_{i1}, t_{i2}, t_{i3}, \cdots, t_{in}\}$，让$A_i$表示一个Worker的效率，$O$表示所有Worker的平均效率，即

$$A_i = \frac{\sum_{j=0}^{n} t_{ij}}{n}$$

$$O = \frac{\sum_{i=0}^{m}\sum_{j=0}^{n} t_{ij}}{m \times n}$$

如果$Ai > \mu*O$，该Worker被认定是慢进程并立即终止运行，它正在处理的道集被重新分发给其他Worker。μ值总大于1，可以由用户配置，值越小对慢进程越敏感。

GeoPF数据并行框架具有容错的能力。GeoPF作业要使用很多计算节点处理海量的数据，执行过程中节点发生故障的可能性是存在的，不仅仅是硬件能引发机器故障，也可能某机器运行引发的故障。所以GeoPF的运行时系统必须具备容错机制保障节点故障不会导致整个作业运行失败。

(1)Worker故障。使用Master周期性的ping检测各个Worker进程，如果worker没有响应，Master就将该Worker标记为failed，并将该Worker正在处理的道集标记为redispatch状态，处于redispatch状态的道集会被优先分发给正常运行的Worker。

(2)Master故障。Master采用应用级检查点机制周期性记录当前道集的处理状态和Worker状态等信息，一旦Master故障，下次作业从最近的检查点处开始执行。因为每个作业只有一个Master，发生故障的概率非常小，所以我们的策略是一旦master发生故障就放弃作业运行。一个图形化的客户端可以帮助用户检查

master故障原因并重新启动作业。

4.5.4 支持大规模并行处理的框架结构

本节介绍由J.E.Rodriguez等提出的一种支持大规模分布式并行处理框架结构[9]。该框架（图4-23）提供基础模块包括：(1)工作分配模块——框架提供主从模式工作环境、将任务分配到不同计算节点，主节点负责调度所有任务队列，从节点负责具体计算。主任务负责系统内所有与从任务的通讯、预处理（计算参数设置，必要环境配置等）、工作分配、断点处理、作业状态控制。从任务负责具体处理作业，一项作业处理完毕，继续向主任务申请作业，负责后处理作业的执行。(2)基础应用程序接口——提供地震数据处理必须的一些应用程序接口，如数据I/O，数据索引、数据排序等。(3)状态控制模块——提供检查点处理必要底层接口，提供交互式应用程序运行状态查询、控制机制，用户通过该模块查询、控制作业运行。

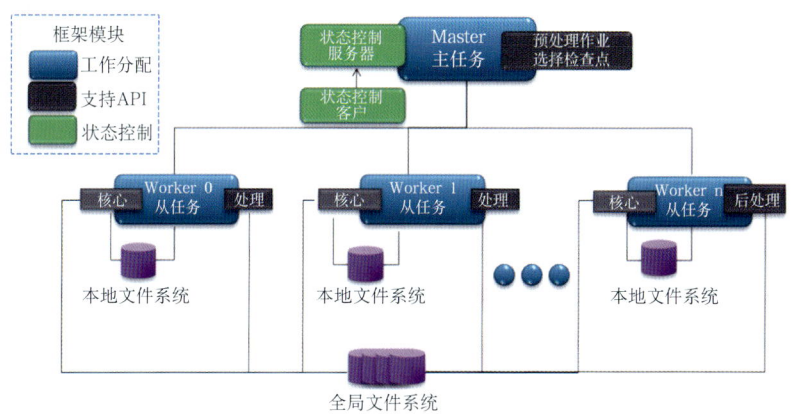

图4-23 大规模并行计算框架结构

该框架系统具备较好的容错能力：(1)提供处理状态检查接口（图4-24），能够返回处理错误信息，系统对错误处理作业进行重新排队重试，并设定最大重试次数。(2)提供处理状态检查接口，能够返回后处理错误信息，系统能够对错误后处理作业进行重试。(3)检查点错误，提供处理状态检查接口，能够返回后错误信息，对检查点数据进行必要的备份。通过从节点与主节点周期性通讯，可发现从节点错误——如果超过一定周期没有通讯，主节点任务即认为该从节点已经失效，将该节点的作业分配到其他节点运算。对于主节点错误，则需要重启主节点，根据检查点的信息进行继续处理。对于任务超时（根据用户给的每个作业最大执行时间），超时作业将发出错误信息。

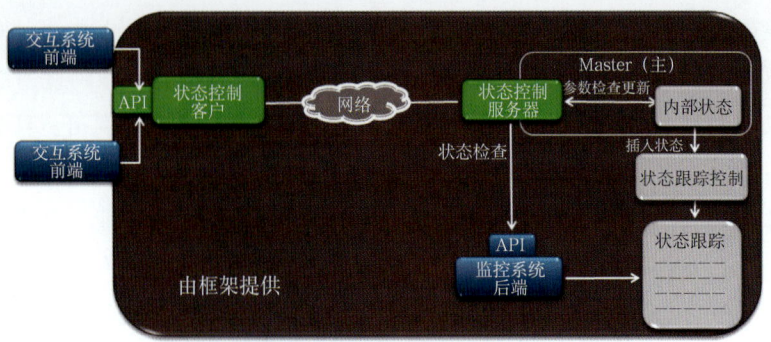

图4-24 状态检查和控制

4.6 地震成像并行计算几例

地震成像方法主要有三类：(1)波动方程成像，基于单向传播，频率域方法，ADI (交替方向隐式)有限差分；(2)Kirchhoff成像，基于高频传播，射线或程函旅行时间；(3)逆时成像，基于双程传播，时间域，显式有限差分。

4.6.1 ω-x域地震成像并行算法

叠后深度偏移方法由两步组成：延拓和成像。延拓方程是抛物型偏微分方程，利用散射关系推导得到[10]

$$k_z = \frac{\omega}{v}\left(\sqrt{1-\left(\frac{vk_x}{\omega}\right)^2} + \sqrt{1-\left(\frac{vk_y}{\omega}\right)^2} - 1\right)$$

式中，x，y和z分别是inline，crossline和深度轴；k_x，k_y和k_z分别是x，y和z方向的波数。v是速度，ω是频率。通分式展开逼近平方根项，得到45°近似。通过在x和y方向逆傅里叶变换，我们得到抛物型偏微分方程。这个方程可以用分裂法求解。Crank-Nikolson有限差分格式具有吸收边界条件用于求解。成像是在$t=0$对每个深度对所有频率求和。

在ω-x域深度偏移并行实现，是指各个频率间并行计算。波场通过对时间傅里叶变换，分解为单频波数分量。在频率空间利用波动方程的抛物型近似下行传播单频面波。因此，每个频率谐波可以在每个处理机独立地进行深度延拓，没有任务间的通信。可以引入并行任务给每个频率分配处理机，并行的处理机数目可以与频率一样多。在每个深度步所有外推后的频率成分求和（成像条件），给出偏移后图像。

图4-25是D.Bhardwaj讨论过的ω-x域地震成像并行算法[11]：(1)传统的主从方式——对于每个频率成分引入并行任务并行实现（图4-25a）。并行实现类似于Master-Worker（主从）系统。Master在读入参数后，确定分配给每个Worker的频率和频带的数目。然后运行偏移算法贯穿深度步。Master将深度步需要的速度传送给Worker。所有Worker偏移后的数据，由Master汇集，成像和存储在磁盘。(2)并行IO方式——"自主方式"或"任务池"方法（图4-25b），类似于SPMD（单程序多数据）系统，由各个处理机并行地（从"任务池"）获得所有需要的参数和要在该处理机偏移的频率数据，然后运行偏移算法贯穿深度步。序号0处理机从所有处理机收集偏移后的数据，成像和存储在磁盘。

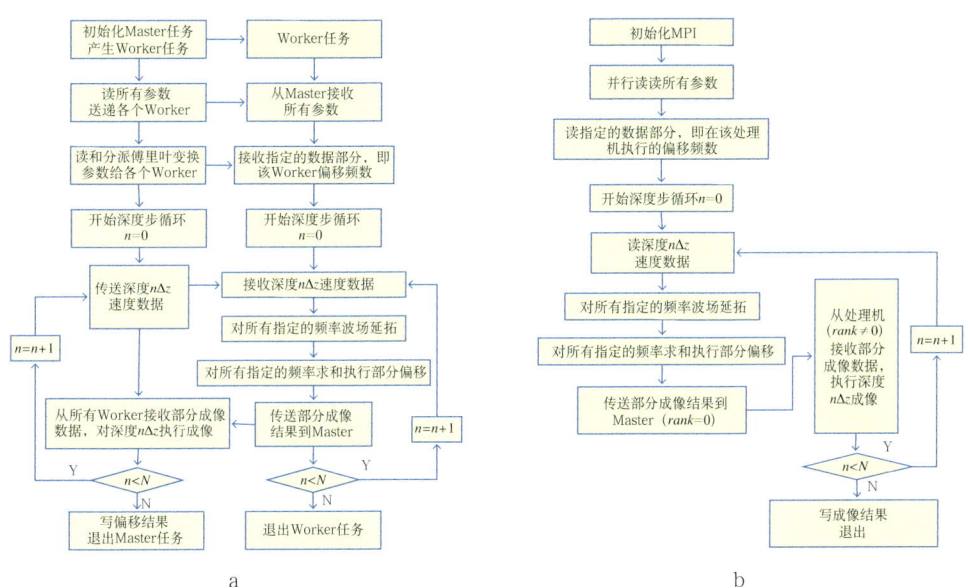

图4-25 ω-x地震成像并行方式之一(a)和改进的ω-x地震成像并行方式(b)

并行IO方式的计算"粒度"比传统的主从方式大得多，因而也更有效。

4.6.2 GPU叠前时间偏移并行算法

4.6.2.1 CUDA简介

GPU叠前时间偏移计算可以利用Nvidia的CUDA（统一计算架构）技术。CUDA的程序分为两部分："主机"程序运行在主计算机的CPU；"设备"程序由NVIDIA的驱动程序编译并连接，运行在GPU设备。大部分设备程序是"核心"，作为设备程序的并行化基本功能设计块。核心是由主机程序事先准备好并发送。当发送时候，主机制定并行化参数和分配给独立进程的核心。独立进程被映射到设备硬件并行执行。核心并行化最粗粒度的是"block"（图4-26），包含运行相同程序的一系列拷贝。block将大程序细分为单独执行的易于处理的单位。在每个block里，可多达512线程，组织为子组，或"warps"，或组，可多达32线程。

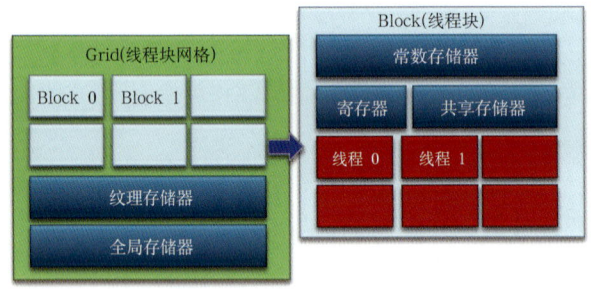

图4-26　GPU的架构示意图

CUDA具有通用GPU程序设计的软件接口和编译器技术。CUDA技术包括软件接口、实用程序工具箱和编译器套件，设计用于允许利用现代GPU硬件大规模并行处理能力，而不需要程序员构造逻辑操作如绘图指令。

并行程序的核心在GPU上通过许多线程启动和执行。线程分组为线程block，可以同步执行，并通过共享存储器通讯。给定启动的所有block为一个grid。在block中线程有唯一的ID，在grid中block有唯一的ID——threadIdx，blockIdx，blockDim，gridDim。

在GPU执行的代码是有所限制的C函数：只能够访问GPU存储器、无可变数目的变元、无静态变量、无递归。所有GPU核心是异步启动的，共享存储器分配给线程block，可由线程block中任何线程存取。

GPU能够提供一个数量级的加速，但现有CPU程序不能够直接搬到GPU执行，需要进行程序移植。不应该也不需要移植所有程序，而应该只选择实用的、适宜GPU架构的算法在GPU执行，例如地震成像。移植程序到GPU的一般步骤如下：(1) 设计GPU算法，对分级存储器优化，将主数据结构放置于GPU；(2) 建立GPU核心原型包含主要计算特征；(3) 测试GPU核心原型相对CPU核心的性能，反复优化原型；(4) 移植整个核心，并与GPU核心比较；(5) 合并入生产程序和系统。

地震成像程序小的核心在大循环集中，计算对通讯占支配地位（输入输出时间大大小于计算时间）。分布式并行算法通常有两个方案：其一，跨节点分布输出成像体（从磁带读数据，流水管道穿越所有节点）；其二，复制成像体到所有节点（从磁带读数据，跨节点传播，在数据结束时，成像体求和）。

地震成像的计算量是与数据和成像/模型大小成比例。利用GPU地震成像，可以改善价格性能比。正如10年前地震数据处理和成像从超级计算机转向PC集群价格性能比改善了10倍，地震成像从CPU转换到GPU平台也可期望能够达到10倍的价格性能比改善，实现回报大于程序移植付出的努力和风险。由于比较GPU和CPU性能没有"标准"的度量过程，有关报道的加速比范围从10倍到1000倍。对优化了的GPU代码和过时的CPU上的单线程CPU代码进行比较，没有普遍意义。Victor W Lee等曾经发表报告"揭穿GPU比CPU快100倍的神话：CPU和GPU生产力评估"[12]，提出性能比较应该芯片对芯片，最佳实际情况是14.9倍加速比。

4.6.2.2　GPU实现Kirchhoff地震成像

Kirchhoff地震成像，其物理算法是基于Kirchhoff积分：若从地面位置到成像点传播旅行时间为：$T(\vec{s},\vec{x})$，则Kirchhoff地震成像公式可表达为5D数据集的4D面积分，即

$$I(\vec{x}) = \iint d^2s d^2r D\left[\vec{s},\vec{r},t = T(\vec{s},\vec{x}) + T(\vec{x},\vec{r})\right]$$

或

$$I(\vec{x}) = \sum_{\vec{s},\vec{r}} D\left[\vec{s},\vec{r},t = T(\vec{s},\vec{x}) + T(\vec{x},\vec{r})\right]$$

假设输出图像点数目N_I大约为10^9，输入数据道数目N_D大约为10^8，每个道点计算周期数目f大约为10，则Kirchhoff地震成像计算复杂性为：fN_IN_D大约为10^{18}周期，大约10个CPU年。

图4-27是Kirchhoff叠前时间偏移算法示意图，其中

$$t = t_{SI} + t_{IR} = \sqrt{\left(\frac{\tau}{2}\right)^2 + \left(\frac{SO}{2}\right)^2} + \sqrt{\left(\frac{\tau}{2}\right)^2 + \left(\frac{RO}{2}\right)^2}$$

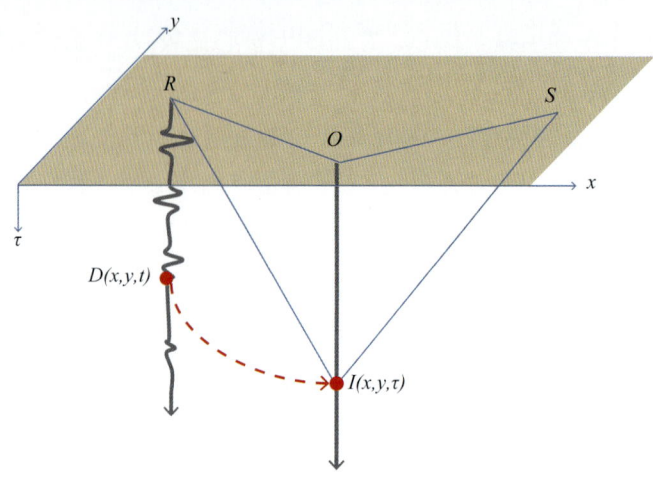

图4-27　叠前时间偏移计算地震道对一个成像点的偏移贡献

叠前时间偏移实践涉及孔径、旅行时、插值、去假频。在CPU上时间偏移伪码如下：

```
输入道循环
    准备地震道
    计算孔径
    成像位置循环
        时间循环
            计算旅行时间
            插值输入值
            去假频偏移
```

在GPU上执行叠前时间偏移的一般实现的策略有：(1)识别线程（核心）：必须是具有好的算术运算与存储器读写操作比率，必须有便利GPU存储器存取模式。(2)定义线程到block/grid拓扑的映射；(3)使用存储器等级（常数，纹理）；(4)利用附加特征增强核心。

V.Bashkardin等在文献[13]中给出的在GPU上时间偏移的过程（图4-28）如下：

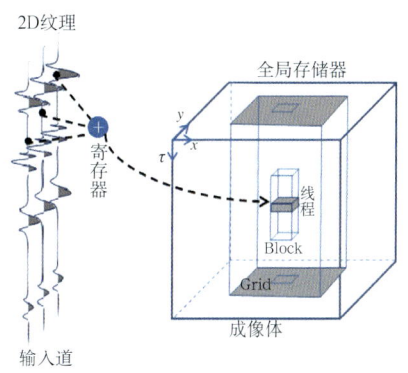

图4-28　时间偏移的核心程序在GPU线程执行

> 输入道循环
> 　　准备地震道
> 　　计算孔径
> 　　计算SO和RO距离
> 　　计算GPU block / grid布局
> 　　在GPU运行偏移核心

4.6.3　RTM（逆时偏移）

逆时偏移(RTM)——叠前双程波动方程偏移，用于具有大的构造和速度复杂地区成像。RTM 计算全波动方程的数值解。除了数字精度外，RTM算法地球物理成像还有许多的优点，可正确模拟更多波的行为，真振幅、折射、多路径波传播，以及衰逝波，得到更佳的地下地貌成像。由于需要极大计算量和对速度高度敏感，虽然早在1983年就有人研究"逆时偏移"方法，在Geophysics上发表了有关文章[14]，但由于计算机能力的限制，直到20年后的2005年前后，各个主要地球物理公司才正式推出RTM逆时偏移软件产品。随着大规模并行计算的集群计算机出现，以及高精确建模技术的发展，现在RTM已经成为实用的勘探技术。

RTM（逆时偏移）双程传播，仍然基于标量方程，即

$$\frac{1}{v(\vec{x})^2}\frac{\partial^2 P}{\partial t^2} = \nabla^2 P$$

RTM模型有两个波场：一个是正向波场pF由地震炮产生；另一个是逆向波场pR由每个检波器估算产生。逆向波场模拟逆向（逆时）旅行，其数值波算子经过相应调整。应用成像条件产生图像，最直接的实现是通过pF和pR互相关。正向波场计算、反向波场计算和成像条件一起组成整个成像过程，或"偏移"。

RTM计算并行化可以在不同的层次实现。在最高的抽象层次上，一个数据集可能非常大，可以分割为空间独立的区带进行独立的RTM成像过程。这是通用的单程序多数据（SPMD）方法，而且不同程序间没有任何相关数据通讯。对于每个RTM偏移，三个阶段均可并行化，但是，受严重的数据依赖性限制。成像条件要求每个时间步计算波场pF和pR。遗憾的是两个计算是在相反时间方向，通常需要计算整个波场pF，写到磁盘。该时间步的逆向波场一可用，读出其预先计算的值，用于成像条件相关。

在最细的并行化层次上，单独的波场传播步骤可以利用向量化、浮点数学优化和数值组织的优点，减少计算负荷。成像条件也可以得益于并行化，因为在本质上是大型二维或三维相关。如果存在足够大的向量处理器，这是容易并行化的。

这里简介Nader W. Moussa[15]给出的CUDA算法(图4-29)：每个线程指定(x，y)点，z步进式；每个线程组处理二维矩形；每个二维切片+镶边（halo）读进共享存储器；在组内线程复用这些值。在一个block线程在z方向步进，存储"前面"和"后面"值在寄存器中。

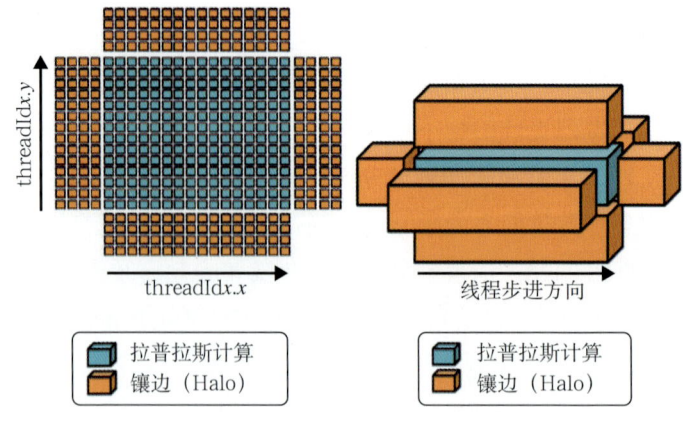

图4-29 线程组处理二维矩形

逆时偏移并行化应该考虑：(1)并行性——大量输出点（几亿），例如每线程1个或多个点。(2)连贯存储器存取——在一个warp相继线程应该处理相邻点（线程ID最快变化的维=数据最快变化维），线程的二维 block→SMEM局部性，连贯写和读（规则网格→规则读）。(3)连贯执行——所有线程执行相同程序路径（执行无数据依赖）。

4.6.4 三维各向异性弹性波方程

复杂三维各向异性介质中的地震数据集三维弹性波方程高效建模，是计算地球物理学中的一项重要挑战。波动方程的有限差分时间域解是许多地震建模、偏移和速度反演应用的基础。R.Weiss等在《Geophysics》上发表的文章[16]中，使用常规网格上的应力刚度公式，试验了三维有限差分时间域求解方法（二阶时间和八阶空间精度格式），充分利用图形处理器(GPU)大规模并行体系结构，加速关键内核计算。单个的 GPU 内存相对较小，限制了可以在单个设备计算的模型域大小。为了绕过此约束和走向工业规模 三维 各向异性弹性数据集建模，通过使用域分解，将并行计算跨多个 GPU 设备，并在每个时间步，利用interdevice（设备间）通信协议来交换处于子域重叠区的数据值。对于单一计算节点内的两个或更多 GPU 设备，使用直接的peer-to-peer（即GPU到GPU）通信，而对网络节点间则利用消息传递接口指令，通过网络传送数据。相对于OpenMP在八核机器CPU架构上运行，基于 GPU 的二维各向异性弹性建模测试达到10倍的加速；而使用双 GPU 设备的三维测试达到28倍的加速。GPU体系结构所提供的性能提升，允许以较低的硬件成本和更少的时间进行地震数据三维各向异性弹性建模。R.Weiss等提供的开放源代码，可以从网址下载：http：//software.seg.org/GEOindex.html。

4.7 小结

地震数据处理最重要的目标是按时得到高质量的地震剖面。"按时"直接与计算机的吞吐力（每个小时处理的地震道）和作业周转时间（执行作业所需要总时间）有关。"质量"取决于算法的精度和数据处理流程及参数选择，但是，先进的算法和流程的实现也依赖于高性能计算系统。物探高性能计算研究，已经从地震数据处理拓展到地震数据解释和油藏精细描述。从20世纪70年代以来，在物探计算机应用中，一直在探索各种高性能计算技术，提高计算机的吞吐力、缩短作业周转时间和改善交互计算效率,包括采用数组处理机、向量计算机,到集群计算和GPU计算。

参考文献

[1] 王宏琳.地球物理计算机的变革.勘探地球物理进展.2009,32(2):233~238
[2] William J. Camp and Philippe Thierry. Trends for High-performance Scientific Computing. The Leading Edge,2010,29:44~47
[3] CRAY Research. Multitasking User Guide. CRAY Research,1986
[4] Kamel A et al. Seismic Computation on IBM 3090 Vector Multiprocessor. IBM System Journal. 1988, 27(4):510~527
[5] 王宏琳.科学与工程中的并行计算.数值计算与计算机应用,1991,(1):52~62
[6] 王宏琳,王英芳.地球物理勘探中的计算机科学.武汉:华中理工大学出版社,1989
[7] 王宏琳,高绘生.地震并行处理模式与应用框架.计算机学报,2001,24(2):202~208
[8] 赵长海,晏海华,王宏琳,史晓华,王雷.面向地震资料处理的并行与分布式编程框架.石油地球物理勘探,2010,45(1):146~155
[9] Rodriguez J E. Supporting Massive Parallelism in Seismic Processing. 75th EAGE Conference & Exhibition,10 June 2013
[10] Claerbout J F. Imaging the Earth's interior. Blackwell Scientific Publications,1985
[11] Bhardwaj D, Yerneni S, and Phadke S, Efficient parallel I/O for seismic imaging in a distributed computing environment:3rd Conference and Exposition on Petroleum and Geophysics. SPG 2000, Proceedings, 105~108
[12] Victor W Lee. Debunking the 100X GPU vs. CPU Myth:An Evaluation of Throughput Computing on CPU and GPU. SIGARCH Comput. Archit. News, 2010, 38(3):451~460
[13] Bashkardin V and McCuwan D W. A Prestack time-migration algorithm for GPUs. SEG post convention workshop (W-3). October 21,2010
[14] Baysal E, Kosloff D D, and Sherwood J W C, Reverse time migration. Geophysics, 1983, 48:1514~1524
[15] Nader W Moussa. Seismic imaging using GPGPU accelerated Reverse Time Migration. CS315A Final Project Report,2009
[16] Weiss R and Shragge J Solving 3D anisotropic elastic wave equations on parallel GPU devices. Geophysics,2013,78(2):F7~F15

5 软件体系结构

5.1 软件平台概念

5.1.1 什么是软件平台

物探计算机软件系统开发，是一项非常复杂和困难的任务。经过长期实践，人们发现，在物探计算机软件系统开发中，不仅业务领域功能算法设计是艰难的任务，系统基础结构设计更为艰难❶。人们还发现，用户为了使得使新购买的软件能够适应不同运行环境的各种数据，还需要花费相当多的人力和资金。因此，石油工业上游非常重视物探软件平台的研制。

什么是软件平台？软件平台是指支持应用软件开发，支撑应用软件运行的软件系统。软件平台并非新概念，它由来已久。我们早就熟悉的操作系统、数据库，就是属于软件平台（也称为操作系统平台）。目前软件平台所发生的变化，是在应用程序与操作系统平台（这些被看成"外部环境"）之间，增加了应用软件平台。例如，国际计算机厂家协会定义的公共应用环境X/Open体系结构中，考虑了三个实体：应用软件、应用平台和外部环境（图5-1a）。应用平台实体提供支持应用软件实体的必要环境。石油技术开放标准协会POSC的软件集成平台的概念与X/Open体系结构一致。在20世纪90年代初，由国际许多综合油气公司（BP，Chevron，Elf，Mobil和Texaco）、服务公司和研究机构支持的国际石油技术开放软件协会POSC，提出的软件集成平台（SIP），就是石油工业上游的一种业务基础软件平台。POSC把软件集成平台定义为：应用软件与其运行环境（数据、用

---

❶ 据POSC（石油开放软件协会）调查表明，石油勘探开发应用软件开发者有50%~75%的时间花费在建立软件的基本框架、数据接口和图形用户界面上，而真正用于应用功能开发的时间只有25%~50%。POSC是1990年10月由BP、Chevron、Elf、Mobil和Texaco等石油公司资助建立的。POSC现改名为Energistics，是全球性的、非盈利的、会员制的中立组织，其职责是开发、管理和推广石油和天然气上游业务数据交换标准。

户、系统软件和通信）的接口（图5-1b）。

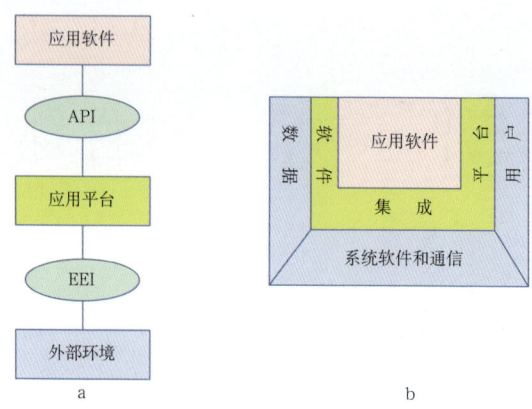

图5-1　X/Open体系结构中的应用平台（a）与POSC软件集成平台（SIP）（b）

应该说，POSC的软件集成平台（SIP）的概念，其间陆续推出的有关标准，对石油工业上游有较大的影响。POSC提出的"开放系统标准"是完整的标准体系，涉及勘探与生产应用软件的三个主要部分：显示、数据存取和集成应用。石油工业上游应用软件开发采用POSC软件集成平台标准的主要好处包括：遵从Epicentre数据模型和数据存取和交换的规范，保证不同应用软件的互操作性和可移植性；遵从POSC的交换格式和图形元文件标准，实现跨平台数据交换和设备共享；遵从POSC的基础计算机标准和通信规范，使得应用软件适应现代分布式计算体系结构；遵从POSC的用户界面规范，保证不同应用软件具备共同外观和操作方式。POSC的早期标准化工作的重点在数据模型、数据存取和数据交换格式等领域，近年其重点转向"能源e标准"领域。所谓"能源e标准"是利用Internet技术的开放的规范，在集成业务过程中改进油气勘探与生产业务效益。因此，POSC成为国际石油技术的XML（扩展标记语言）的技术中心之一。虽然POSC提出的软件集成平台的一系列标准和规范至今很少被完全实现，但在推动工业界协作，发展石油工业上游应用软件互操作方面，起到了重要作用。

中国石油工业界关注发展软件平台，可追溯到1995年12月中国石油天然气总公司勘探局主持召开的国产勘探软件会议。那时，勘探技术专家设想建立的软件平台能够实现"不管在什么地方，不管要做什么工作，不管后边是什么机器，都可以利用面前的工作站来完成任务。"后来勘探技术专家还为这样的软件平台起过一个响亮的名字——OIO（Oio In One）。OIO超前的理念与今天"云计算"平台的"愿景"十分相似（通过互联网提供软件服务，用户可以随时、随地、海量地获取，但要按需付费）。由于技术条件的限制等原因，在当时只能进行若干关键技术的研究和初步试验，包括软件集成平台的构件构架、即插即用和互联互通。

不但在油气勘探领域，在科学与工程其他计算机应用领域，软件基础结构研发的困难、软件产品与用户环境和数据整合的困难，也一直是困扰计算机软件开发和应用的两个大难题。正是为解决这两大难题，应用软件平台应运而生。国内计算机业界在2003年，曾经提出过应用软件平台架构模型(图5-2)，这个模型中的应用软件平台包括业务基础架构平台和软件基础架构平台，构建在操作系统平台之上。

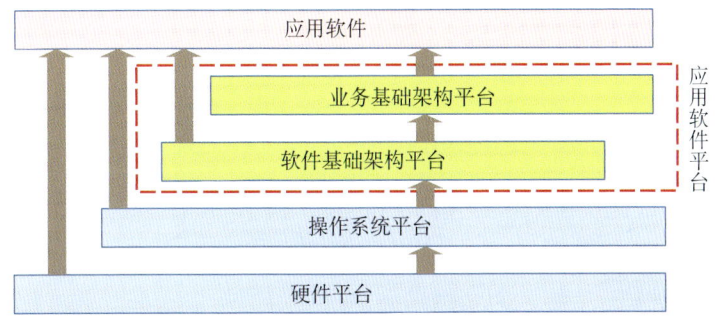

图5-2 应用软件平台

5.1.2 软件平台与软件产品线

软件平台设计是大型软件系统开发的关键环节，对于支持软件产品线的研究与开发，更具有为至关重要的作用。软件产品线，也称为软件产品系列，是指一组具有公共的系统需求集的软件系统。这里讨论的地球物理软件体系结构模型，不但可用于指导大型地球物理软件开发，并可望作为油气勘探与生产领域的软件产品线研究与开发的基础。软件产品线的开发应该基于同一软件体系结构——产品线软件体系结构，用以定义一个公司或机构开发的一组产品，创建具有不同功能的多个系统。这组产品的相似性使得它们能在产品开发团队间分享设计和实现的信息。这样，就有可能在其设计、开发、测试、维护各个阶段，各方面都保持一致，而且，这些产品的开发可以更为经济、高效。特别是软件产品具有统一的软件平台，可以为软件开发与应用提供极大的便利。

软件产品线方法是有助于实现软件系统集成的有效方法。所谓"产品线体系结构"是指：应用于组织或公司内部一系列产品，共享共同设计和部分实现。软件产品线由核心资产和产品集合组成。软件产品线共享"产品线体系结构"。在一个软件产品线中，新产品形成通过以下步骤：

(1)从公共核心资产库中选取合适的构件。

(2)利用预定义的变化性机制，进行裁剪，如：参数化、继承。

(3)必要时增加新的构件。

(4)在整个产品线范围内共同的体系结构指导下，进行构件组装，形成系统。

软件产品线方法将成为占主导地位的软件生产模式，是降低软件系统成本的主要策略和技术。产品线方法将引起软件产品线开发组织的变革（图5-3）。

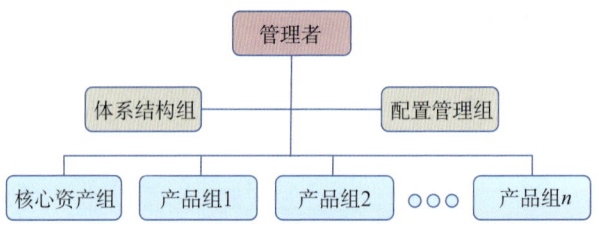

图5-3　软件产品线开发组织

对于构建软件产品线，涉及的主要关键点有：统一文件格式、统一用户界面风格、Common Look & Feel、共享基础软件构件（核心资产）、统一产品命名规范。其中最重要的是产品线体系结构与统一文件接口。统一的产品线体系结构和数据存取接口，对于规范一个公司的软件产品尤其重要。

5.2　软件集成平台

5.2.1　软件集成平台概念

软件集成平台是指集成不同应用和服务功能的计算机软件。这不同于企业管理中的企业应用集成，后者重点在供应链管理。集成平台在理念上，更接近于技术集成和系统集成。技术集成概念是哈佛大学教授Iansiti提出的[1]。随后Michael教授在技术集成概念的基础上，提出了系统集成概念[2]。其要点包含三个方面：(1)通过"开放系统"产品架构把企业内部的技术创新和企业外部的技术模块集成在一起；(2)通过系统集成把基础研究形成的技术创新整合到新产品中；(3)系统集成既是新产品开发的驱动力，也是生产的组织方式。虽然Iansiti和Michael是从管理学角度提出技术集成和系统集成的，但是，这些基本概念同样适用于石油地球物理软件开发和应用。计算机应用软件系统开发的目标是在使得效益（软件功能和软件性能）最大化的同时降低成本。为实现这个目标，软件开发应该注重技术集成和系统集成。

物探软件集成平台是地球物理软件技术集成和系统集成的基础。多年来，石油工业界一直在努力探索构建统一的软件集成平台[3]，其目标是建立一个环境，能够实现：数据集成——不同应用软件可以使用相同数据集和共享信息；应用集成——不同应用软件可以集成到统一的工作流，实现互操作；可视化集成——交互用户界面具有统一外观和操作方式；协同工作——分布式应用软件和分布各地的物探工作者可以通过网络协同工作。

早在20世纪90年代，国际主要物探软件公司就致力于数据集成研究。Landmark公司参照POSC、PPDM和许多开放系统标准，推出的OpenWorks项目数据库，其开放的软件体系结构和数据模型，在地球物理界有较大的影响。Landmark公司的OpenWorks Development Kit作为应用开发平台，使得应用软件容易存取项目数据环境，并发展了应用间通讯和互操作技术。GeoQuest公司开发的GeoFrame项目数据管理软件具备项目和工作流管理、数据管理等功能。该公司的应用开发平台——GeoFrame Developer's Kit (GFDK)是GeoFrame 开放开发环境，包括：IESX DK——允许应用程序通过API（应用编程接口），存取项目数据库中的地震道数据、解释数据、井数据和其他常用的数据；GeoViz On Connect——支持可视化模块开发；GFDK ADI——存取Geoframe地球科学数据库和海量数据存储系统的应用数据接口。

进入21世纪，Halliburton公司的处理、解释、建模、钻井工程、云服务等也被集成到DecisionSpace平台之下。与此同时，Schlumberger公司的Petrel勘探与生产软件平台（E&P Software Platform）涵盖：地质和地质建模、地球物理软件、油藏工程、区带到远景工作流、钻井、勘探与生产知识环境工作台。Petrel勘探与生产软件集成平台支持从勘探到生产的工作流程标准化，科学分析、风险评估、知识共享和智慧决策。 例如，Petrel软件平台通过叠前宽方位角分析和进一步提高与Omega地震资料处理软件的联系，改进了盐层解释的流程，增强了地震成像能力。该平台引入的基于体积建模的方法提供了对地质复杂性的精确展示，可以更加精确地预测烃类储量。地质力学的重建验证了在复杂沉积环境下的解释。而且，地球科学家现在可以建立一维石油系统模型来决定其成熟度和所面临的风险。

5.2.2 SDK和插件框架平台

提供系统集成和扩展能力，不能仅限于数据传输或数据交换，还应发展软件开发工具包SDK。以Omega地震处理系统为例，利用SDK建立的地震模块插件可以利用Omega算法和可视化工具，并可以放到处理流程的任何地方，Omega作业执行模型可以是交互或批量处理。该SDK的特点是地震功能模块用C++编写，而子程序库可以用C语言、C++，或FORTRAN，提供二维或三维WesternGeco库，并提供若干模板：单通道、多通道和MPI，支持多线程以便利用多核等。

由于历史原因，许多地震处理模块一直是基于Fortran77标准编制的，没有充分利用现代新语言（如C++或Fortran90/2003）的优点。一些地球物理公司在7~8年前开始利用C++或Fortran 90/95/2003程序设计语言，开始全面重新编写应用模块。Slumberger的Ocean框架是一种插件框架平台，已经被Omega系统与其他系统集成，包括通过油气工业软件开发环境——Ocean框架，集成Petrel和Omega技术，为集群处理系统提供可视化交互的前端，以及组合来自采集、处理、解释和油藏分析数据。

5.2.3 统一数据模型和基于数据库的集成

石油工业界在20世纪90年代曾经通过统一数据模型和共享地球模型，支持实现石油工业上游软件集成。例如，公共石油数据模型联合会（PPDM）的PPDM数据模型和石油开放标准协会（POSC）的EPICENTRE数据模型❶。工业界曾经进行过艰苦的努力，把各种应用软件迁移到标准的POSC或PPDM数据模型。一些支持国家数据中心、企业数据中心或主数据库的数据管理软件采用标准的POSC数据模型获得了许多益处，但是，大多数地球科学和石油工程软件产品的项目数据库，仍然使用软件开发商自己的数据模型❷。

---

❶ EPICENTRE是逻辑数据模型（涵盖地球物理、勘探地质、岩石物理、开发地质、油藏工程、石油工程、钻井工程、采油工程、设施工程、钻井操作、完井修井、生产运营、决策、评价），PPDM是物理数据模型，两者区别在于：逻辑数据模型不考虑具体的DBMS实现，而物理数据模型考虑了具体的DBMS实现。

❷ 例如，Halliburton公司有多种数据模型：Openworks项目数据库、DecisionSpace Insite实时数据库和EDM工程数据模型，但提供了一体化资产模型（Integrated Asset Model）进行集成。

在石油勘探开发计算机应用领域，数据库是应用集成的重要工具。数据库作为集成工具，可以分成不同级别。图5-4a是非集成情况，图中"DB/FS"表示"数据库/文件系统"。

第1级集成（图5-4b）是不同应用通过专门的转换程序，将一个应用的信息转化为另外一个应用的信息。图中的"conv i，j"表示将"应用i的格式转化为应用j的格式"。对于n个应用情况，需要$n \times (n-1)$个转换程序。

第2级（图5-4c）整个系统有一个核心数据库或文件系统，由所有应用共享。这减少了转换程序数目，这样的结构如同树形，对于n个应用则需要$2 \times n$转换程序。

第3级（图5-4d）将数据库系统作为中心集成机构，所有应用共享公共数据库。一个全局的中心数据库为所有应用所围绕。当然，这里的"中心"可以是逻辑义上的。信息可以分布在不同机器。在分布式数据库情况下，数据分布对用户是透明的。这种方式可以提高标准化和检索效率。

从集成观点，第3级最佳。但是由于现有应用已经使用专门的数据格式，重写数据接口比较困难，因此需要支持对这些应用采用类似第2级的转换方式，而把数据库作为核心格式，形成第4级集成（图5-4e）。

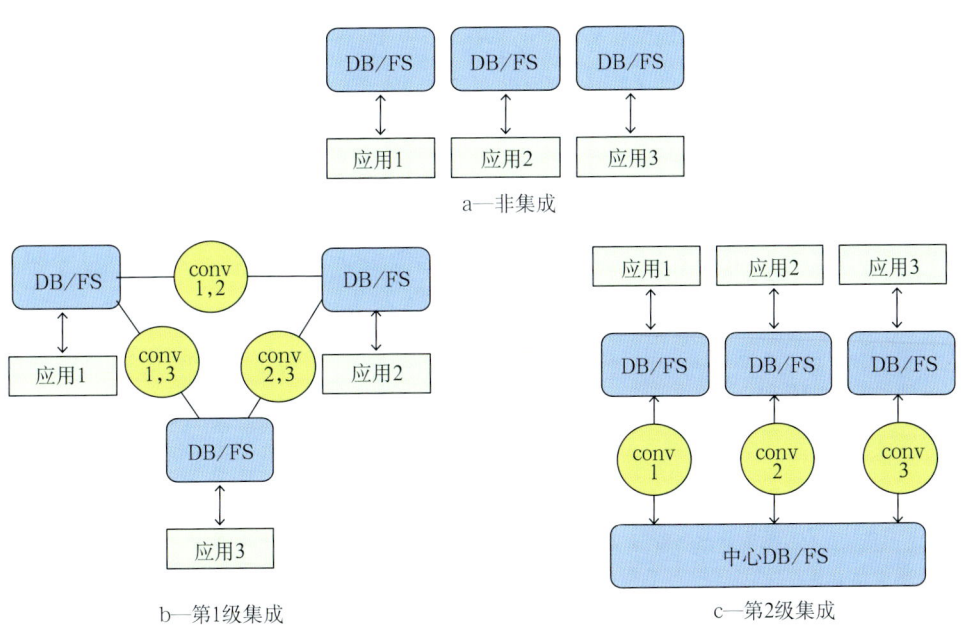

图5-4

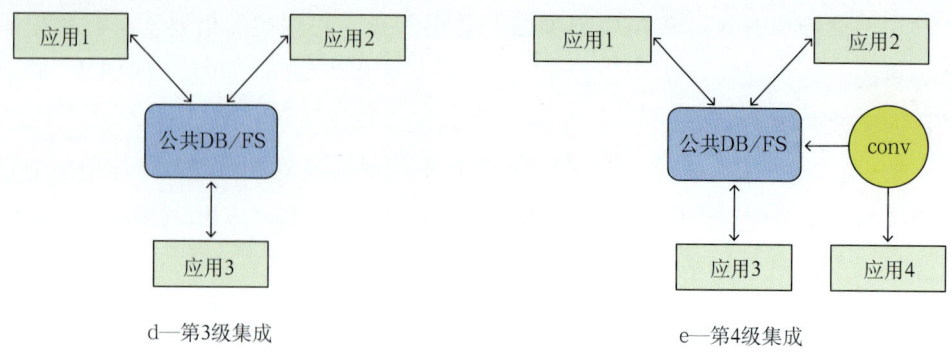

图5-4 不同级别的集成

5.2.4 共享地球模型

在E&P计算机应用领域，地球模型是数字形式表示的地下状况，可以基于地质、地球物理和测井数据分析，以及模型模拟获得。在勘探开发过程中，不同阶段使用不同学科数据，为不同目的，会建立不同名目的地球模型，例如，地震数据处理中叠前深度偏移用的速度模型，地震解释产生的构造模型，油藏工程用的油藏模型等。但是，由于测量误差和数据的局限，所有这样的模型都有不确定性。数据集成可以提高模型的精确度，减少不确定性。特别是，充分利用勘探阶段的地质、地球物理信息加到共享地球模型中，对于开发阶段的地面井位设计、井轨迹设计、空隙压力预测，以及增加固井稳定性，减少钻井遇卡和降低钻井成本都有好处。

鉴于建模软件的重要性，Shell石油公司和Baker Hughes公司在2013年9月宣布联合开发地质和油藏建模高端软件平台。该软件将以Baker Hughes的Jewel Earth软件平台为基础。Jewel Earth软件平台可用于从盆地到井筒到钻头不同尺度多学科建模：盆地或区域模型、本地模型、油藏模型、近井模型、井筒模型、井筒构件模型等。Jewel Earth采用EAV模型❶组织数据库，有别于传统的关系数据库模型。Jewel Earth软件开发平台是Microsoft™.NET框架的易用的程序设计环境。平

---

❶ EAV模型，即实体属性值（Entity-Attribute-Value）模型，是一种数据模型，可用于描述有许多属性（参数）的实体——潜在的属性数量巨大，但对于给定的实体其数量相对较少。在数学中，这种模型被称为稀疏矩阵。EAV也适用模型的类和属性不是稀疏的，而是动态的——即模型需要不断演变，需要不断增加新的属性和类。EAV模型在分子生物学领域和电子商务领域已经证明是有效的，而且是Microsoft, Amazon和Google云解决方案的基础。EAV也被称为对象的属性值的模式，垂直的数据库模型和开放式架构。

台与Jewel Suite 地震到地质模型与油藏工程软件集成。所有的Jelwel应用程序可协同工作。开发环境可开发Jelwel与应用的连接、Jewel Add-ins（插件）和类似JewelSuite的应用程序。Jewel Add-ins如同Microsoft的Add-ins，可以单独运行，也可以作为Jewel Suite的插件。新平台将成为Shell现有应用软件的补充（包括Shell的专有软件GeoSigns——地震数据解释和可视化软件），成为Shell一体化建模环境。

图5-5　Jewel Earth油藏建模软件平台

许多人认为共享地球模型应该是知识驱动的。该方法将地质作为关键知识。在建模过程的每个阶段，将所涉及的各种对象（地震反射层、井标志层、几何界面）和地质对象（地质单元、地质边界）建立关联。

5.3　软件体系结构

5.3.1　软件体系结构基本概念

我们在前面已经看到（图5-1a），应用平台是X/Open体系结构中的一个实体。在油气勘探领域，软件体系结构研究是石油工业上游过去多年来统一软件平台努力的继续和发展。

一个系统的软件体系结构，也称为软件架构，由软件的大粒度结构组成，它描述系统的组成部分和在高的层次上这些组成部分如何互动。在某种意义上可以说，软件体系结构是影响一个软件产品内在质量的核心因素。软件产品的质量有许多方面因素，包括：健壮性、灵活性、高性能、简洁性、可维护性、可理解性，特别是软件产品与用户环境和数据的整合，这些都与软件体系结构密切相关。

软件体系结构是大型软件系统设计的重要环节，对于在高层次理解、分析和设计软件非常重要[4]。软件体系结构提供在整个软件开发过程中共同沟通的基础，指导软件开发团队在关键决策方面达成一致，达成共识；提供系统原型分析的基础，有助于减少软件开发风险，并估计系统的性能；是最早期的软件设计决策，提供详细设计和软件组织结构的约束；能提供系统的抽象，表示系统结构的模型、系统是如何一起工作的。它对研究不同应用环境系统配置也有重要价值。

5.3.2 以往勘探软件体系结构问题

首先考察以往物探软件体系结构方面存在的问题[5]。以往开发的大多数油气勘探软件，一般都没有进行过系统的体系结构分析和设计。但是，任何软件，实际上都存在某种式样(或称为模式)的体系结构。例如，在20世纪80年代末设计的GRISYS地震数据处理系统，就含有以下两种式样的体系结构(图5-6)：(1)主程序+子程序的体系结构(Main program and subroutine)。这是在面向对象技术出现以前，于20世纪60年代就开始流行的经典式样。在GRISYS系统中，应用模块是子程序，有确定的任务(函数)，例如滤波、反褶积、动校正、静校正和叠加等，数据作为参数传递；地震处理系统的执行程序作为主程序管理控制循环，循序通过流程中的模块子程序。(2)批量序列体系结构 (Batch-sequential)。GRISYS地震数据处理系统的批量序列体系结构式样，是一种流水线结构(Pipeline)。有相当部分的地震数据处理属于信号处理领域，所以，地震数据处理系统的体系结构历来都是采用流水线方式执行。这样的方式是所谓"管道过滤"(Pipe-and-Filter)体系结构式样的"退化"形式。这里的"退化"表现在：一是每个过滤器(模块)在单一的入口调用数据；二是管道不再提供数据流功能，因此，系统大大退化了。

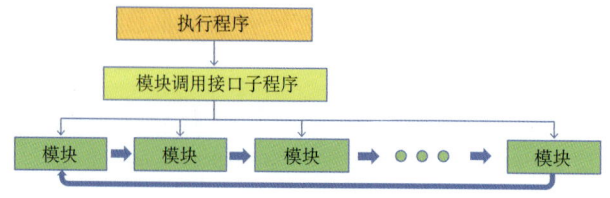

图5-6　GRISYS中的主程序+子程序，以及流水线体系结构

5.3.2.1　管道过滤体系结构

基于管道过滤体系结构式样在油气勘探软件中的重要性，我们有必要分析一下管道过滤体系结构式样的特点(图5-7a)。

(1)每个组件(应用模块)可以有一组输入，一组输出；

(2)每个组件(应用模块)可以对数据流进行局部变换，逐步计算，在全部输入前，就可以产生输出；

(3)每个组件（应用模块）是独立实体，与其他组件（应用模块）没有共享变量；

(4)每个组件(应用模块)有严格规范，在输入管道出现什么，就保证在输出管道出现什么；

(5)管道过滤网络输出的正确性，与逐步计算的次序无关。

这样的系统有如下优点：(1)系统的整个输出行为是单个组件(应用模块)的行为的简单综合；(2)支持重用，原则上，任何两个组件可以被串接在一起，提供适合的数据在中间传输；(3)系统容易维护和修改，增加组件和修改老组件，都不会影响其他系统成分的使用；(4)自然支持并发执行，每个组件(应用模块)可以作为独立的任务来实现，并可以与其他组件(应用模块)并行执行。

该体系结构的缺点是：(1)过滤器是对输入数据进行批量转换，限定了输入和输出形式，不适宜设计交互式应用。(2)共享状态信息代价高而且不灵活，不适宜须共享大量数据的应用设计。

5.3.2.2 面向对象体系结构

除了管道过滤体系结构外，许多油气勘探软件系统(例如，GRIstation地震数据交互解释系统)采用面向对象 (OO)组织体系结构式样(图5-7b)。这样的体系结构有如下特点：(1)数据表示和相关的操作是封装在一个抽象数据类型或对象中；(2)组件是对象，或抽象数据类型的示例；(3)对象互动是通过函数和过程调用，对象负责保持其表示的完整性，对其他对象隐蔽表示。

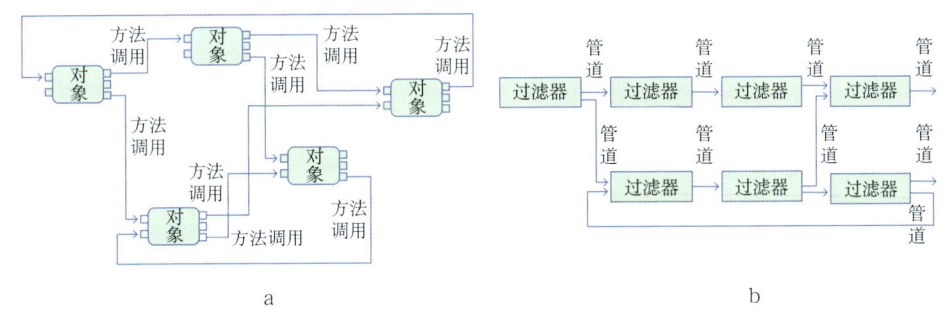

图5-7　管道过滤体系结构式样与面向对象体系结构式样的比较

a—管道过滤；b—面向对象

OO体系结构的优点是：(1)应用广泛，特别在交互图形用户界面软件中；(2)OO有很多变种，例如，现在有的OO系统允许并发任务；(3)由于向用户隐蔽表示方法，改变实现方法，不影响用户使用；(4)通过捆绑一组存取子程序，允许设计者分解问题为相互作用的agent(智能代理)集合。

OO系统的缺点是：(1)一个对象需要与另外对象相互作用时，必须知道另外对象的ID(标识)，而管道过滤系统的过滤器(组件)不必知道系统的其他过滤器(组件)就可以相互作用。(2)OO系统还可能需要避免"旁效应"问题，如果对象a使用对象b，对象c也使用对象b，则c对b的影响，不希望影响到a；反之一样。

特别需要指出的是，GRISYS和GRIStation采用的软件体系结构式样是当时勘探软件的有代表性的体系结构。这样的软件体系结构式样，不能很好适应油气勘探一体化软件的需要。

软件体系结构式样/模式是相对新的研究领域，还在演变中。重要的是，不需要寻求统一用一种体系结构模式。曾经有人主张勘探软件推广一种结构式样——面向对象 (OO)式样。实际上有许多不是OO的实用式样，常见的系统体系结构式样/模式还有如下几种：(1)数据流系统：批量序列；管道过滤。(2)调用返回系统：主程序子程序；面向对象系统；层次系统。(3)独立组件：通信进程；事件系统。(4)虚机器：解释器；基于规则系统。(5)数据中心系统：数据库；超文本系统；黑板。大的实用软件系统，特别是油气勘探一体化软件系统，需要组合不同的体系结构式样。我们在后面将主要针对油气勘探一体化软件的需要，讨论组合不同的体系结构式样问题。

5.3.3　软件体系结构参考模型

在软件开发早期（20世纪60—70年代），软件开发者及其用户只关注程序的输入输出行为，而忽略软件内部结构，把整个程序作为"黑盒子"，即软件体系结构是一层的。

在20世纪80年代中期，随着计算机网络和分布式计算系统的开发，二层软件体系结构（two-tier architecture）得到发展(图5-8a)。二层体系结构的典型代表是早期的客户/服务器体系结构——通常由多个客户端和一个服务器组成。客户和服务器驻留在不同计算机，由应用程序本身提供协调功能。在客户场地通常实现诸如文本输入、对话和显示管理。数据管理功能则通常在服务器场地实现。与一层体系结构比较，二层体系结构改善了可用性、灵活性和可变规模性。例如，二层体系结构比较容易提供数百用户（客户）访问服务器。今天许多web系统仍然是基于二层体系结构的。不过,二层体系结构有其局限性。由于业务逻辑的实现过于紧密依赖于特定的数据管理系统,灵活性较差。又由于应用逻辑的一部分功能驻留在客户端,每次升级或修改必须在每个客户端提交、安装和测试,这也增加了工作量和开销。

在20世纪90年代形成了三层体系结构(three-tier architecture),三层软件体系结构(图5-8b)最适宜于实施分布式的客户/服务器环境。比较二层体系结构,三层体系结构提高了性能、灵活性、可维护性、重用性和可变规模性,并对用户隐蔽了分布式处理的复杂性。三层分布式客户/服务器体系结构包括:顶层——展示层(例如,文本输入、显示管理、会话等);中间层——应用逻辑(提供工作流管理服务,如进程管理、进程设定、进程监督和进程资源),由多个应用程序共享;第三层——数据存储管理(提供数据库管理和不使用DBMS语言的专门数据和文件服务)。当需要有效的客户/服务器设计的时候,采用三层结构,有助于提高系统的性能、灵活性、可维护性、可重用性和可变规模,并隐蔽了分布式处理复杂性。这些特征使得三层结构成为INTERNET应用和网络中心信息系统普遍选择。由于这些特征,当今以网络为中心的信息系统和Internet应用普遍选择三层体系结构。

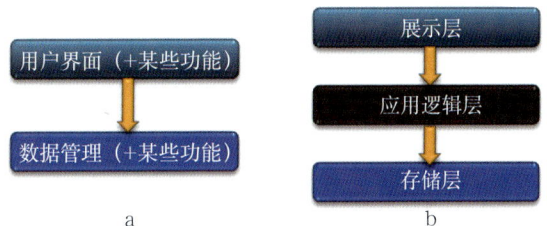

图5-8 两层和三层信息系统体系结构

直到目前,在文献上还很少见到石油工业上游对于软件体系结构的研究的报道,有关科学软件体系结构的文献也很少见。科学软件大量涉及数据分析应用,信息系统的三层体系结构,是可供参照的模式。例如,一种称为"SALSA(科学分析层次体系结构)",就是一种典型的三层体系结构。在ExxonMobil整合后,公司曾经提出了这样的愿景:期望油气勘探多种数据分析软件具有类似架构;期望允许数据存储有不同格式,而在集成各种来源数据分析工具的时候,不需要改变核心程序;期望适应新的软件开发模式——以体系结构为中心的软件开发模式。为此,ExxonMobil石油公司的上游技术计算团队提出了SALSA——科学数据分析层次软件体系结构[6]。SALSA可以看成由互动层（InteractionLayer）、分析层（AnalysisLayer）和数据存取层（DataAccessLayer）三大部分组成（图5-9）。

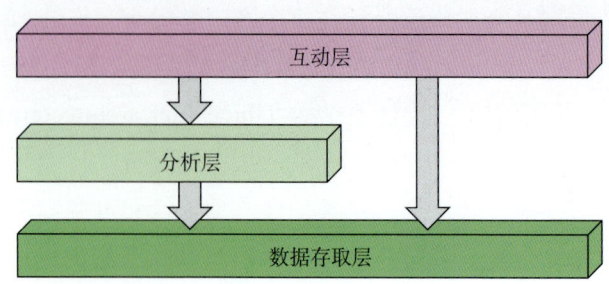

图5-9　SALSA科学数据分析层次软件体系结构

5.3.4　面向应用集成的软件体系结构模型

现今二层或三层软件体系结构，看来已经不适应发展地球物理大型一体化软件系统的要求，特别是要求动态集成和配置的多个异构应用软件，以及需要处理大量数据集，这些数据集还可能分布于不同场地。目前的二层或三层软件体系结构，由于接口、数据源和应用算法混合一起，或由于系统的控制引擎和应用功能模块硬性连接一起，不能够适应变化。本节将讨论应用于油气地球物理领域的一种新型软件体系结构模型。这个新型软件体系结构模型，便利实现以体系结构为中心的软件开发，并可望用于E&P（油气勘探与生产）软件产品线体系结构的研究与开发。

在计算机科学界的软件体系结构研究中，提出了一些标准的体系结构参考模型，例如NIST/ECMA Reference Model（通用软件工程环境集成体系结构参考模型）、ISO/OSI Reference Model(分层网络体系结构)、X Window System（基于事件激发和回调的用户界面模型）。其中，NIST/ECMA环境集成体系结构参考模型，是基于分层的通信模型，可以组合其他体系结构，如管道过滤体系结构、面向对象体系结构、基于事件的隐式调用体系结构等。这个参考模型对于油气勘探一体化软件设计，有极其重要的参考价值。在图5-10的NIST/ECMA体系结构标准参考模型中可以看出，在层次结构中包含了上层的用户界面服务和下层的数据存储服务，中间有工具层，而底层是操作系统服务。另外，还有通信服务支撑。这样的体系结构标准模型可以有如下两个变种。

(1)基于NIST/ECMA的框架参考模型(图5-10b)。模型有3个特点，适应于基于框架开发：①在用户界面和工具层中间增加了进程管理服务，这样可以嵌入应用知识；②下层的存储服务用对象管理服务替代，这样可以更好地表示面向对象框架应用环境；③增加策略强化服务和框架管理服务。

(2)基于NIST/ECMA的环境集成参考模型(图5—10c)。这里有两点值得特别注意：一是在用户界面和工具层中间增加了进程管理服务，这样可以嵌入应用知识，例如处理流程知识；二是在下层的存储服务的上面增加数据集成服务层，这样使系统更加适应集成环境的需要。

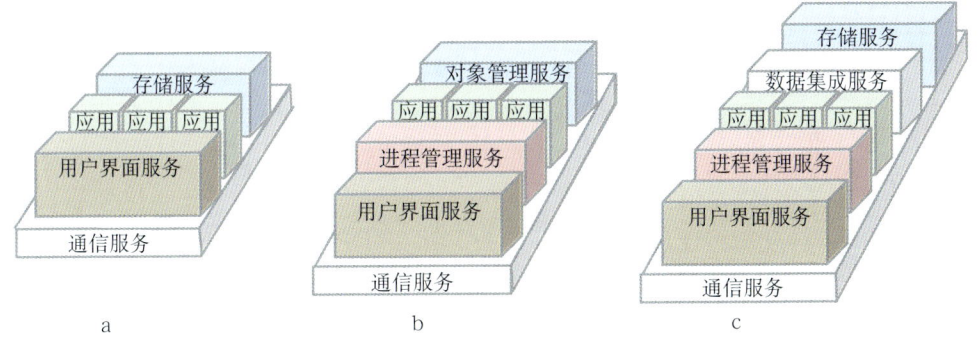

图5—10　NIST/ECMA参考模型及其变种

a—NIST/ECMA参考模型；b—NIST/ECMA框架参考模型；c—NIST/ECMA环境集成参考模型

基于NIST/ECMA的环境集成参考模型，以及油气勘探计算机应用的特点，推荐一个一体化勘探软件系统的体系结构模型，该模型包括如下体系结构成分：互动界面层、管理控制层、应用功能层、应用编程服务层、数据服务层，再加上集成环境，可以称为"5+1"模型（图5—11）。该模型已经用于地震数据处理系统的体系结构设计（图5—12）。

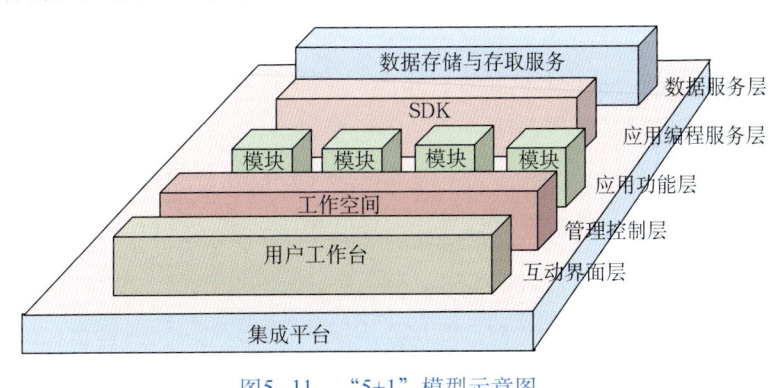

图5—11　"5+1"模型示意图

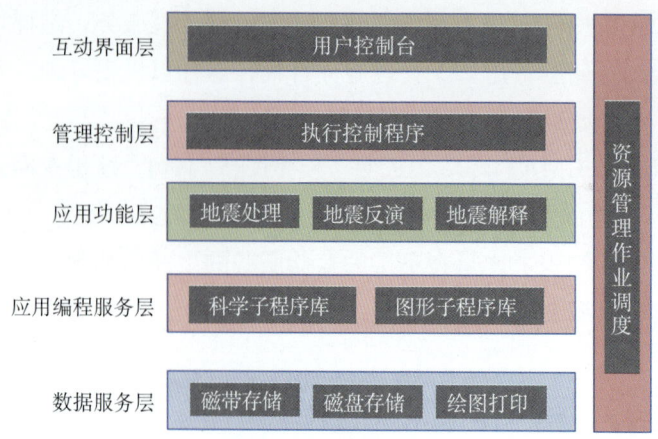

图5-12 基于"5+1"模型的新一代地震处理解释系统体系结构示意图

(1)互动界面层。

用户通过工作台应用软件的图形用户界面。在新一代地震处理解释系统中,有用户控制台,即"主控"界面。在现代分布式计算环境中,图形用户界面形成用户前端桌面工作台(例如"Omaga on Windows")。

图形用户界面在外观和操作方式上应该尽量一致。POSC(石油开放软件协会)的图形用户界面标准指南,对窗口的组织提出过指导性的意见。按照这个指南,一个主窗口应该包含4个部分:菜单杆、带有横向和纵向拉杆的客户区、可选择的命令区和信息区。一体化勘探软件系统的主窗口,除了上述4个部分以外,还应该可嵌入工作空间操作区。用户界面的设计,应该充分灵活,可重新配置,并且主次分明:(1)灵活性。允许用户通过多种途径使用应用软件功能。用户可以按照自己的喜好、经验和具体场景,选择使用方式。例如,对于同一个功能,既可以通过下拉菜单,也可以通过直接操作屏幕对象,也许还可以通过敲击记忆符或键盘加速键来使用。(2)可重新配置。允许用户按照自己的喜好,配置图形界面的参数,例如,许多勘探软件都应该有的颜色配置。(3)主次分明。把必要的、常用的功能,首先展现在用户面前,而把复杂的、很少用的功能适当隐蔽起来,但仍然可以被使用。例如,较少使用的参数,可以用对话框来隐蔽。

(2)管理控制层。

这一层中可以包含"工作空间管理(Workspace Manager)"或"应用执行控制(Application Executive)"或"插件框架(PlugIn Frameworks)"。

管理控制服务可根据工作流、数据和团队的特点进行配置执行控制程序，例如，可以有地震处理执行控制程序、测井分析执行控制程序和油藏模拟执行控制程序等。执行控制程序的功能包括流程管理、数据历史管理和团队协同工作管理等功能等。

在用户工作台或用户界面主窗口中，可嵌入工作空间操作区。在这个区中，用工作流程图或流程树表示工作流定义和状态，用数据树表示数据历史和状态，以便于用户浏览、检索和操作。

(3)应用功能层。

应用层，也称为工具层，可以包含有并列的横向工具，也可以有纵向调用的应用模块。在新一代地震处理解释系统中，有地震处理、地震反演和地震解释等类型模块。

应用功能模块层可插入新应用功能模块，而不需要修改已有的成分。

在PlugIn（插件）架构中，管理控制层有插件框架，可定义标准的插件接口。一个插件(PlugIn)是单独编译、针对定义的接口编写的程序。它可以动态地连接到系统，而不需要重新编译系统中原有的与执行、管理和控制有关的程序。利用插件机制，用户可以扩充系统，而不需要接触已有的源程序。插件容易维护，因为有完全确定的接口，执行非常具体的功能。应用程序本身，可以用不同编程语言编写，包括：C/C++、Fortran77/Fortran90，以及Java，都可插入到一体化软件系统环境。

(4)应用编程服务层。

应用编程服务层提供SDK（软件开发工具箱）。在SDK中应包含应用功能模块开发的公共构件.提供有关地球物理、岩石物理和油藏工程常用的数据构件数据存取功能构件与数据可视化功能构件(图形、图像功能)。例如，地震剖面显示构件实现地震剖面可视化，并允许最终用户直接操作。应用程序通过接口使用地震剖面显示构件，但是完全可以控制剖面显示和操作的资源，最终用户也可通过构件提供的嵌入面板修改资源值。这样的地震剖面构件，有灵活的地震数据选择功能和各种显示操作功能：波形、正填充、负填充、多种坐标轴控制、标注、简单处理、放大缩小、间隙、随鼠标信息提示、拾取操作和图形输出等。数据构件具有管理不同数据类型、数据读写和数据转换能力；显示构件具有图形显示和编辑，硬拷贝和各种操作能力。此外，公共构件层，还应该包括一些常用的数学和科学子程序或函数库。系统提供统一的数据存取与交换服务、数据可视化图形图像服务和基本算法服务等应用编程接口。由于应用程序本身是用不同编程语言编写的，因此，对于这些公共服务，应该提供不同语言的编程接口，包括：C/C++、Fortran77/Fortran90，以及Java应用编程接口。

(5)数据存取层。

数据存取层提供数据存取服务和存储服务，包括磁带存储服务、磁盘存储服务，以及绘图打印服务等。

油气勘探应用软件包含不同数据库或数据文件，包括磁带文件。在数据管理与服务中，支持统一的数据存取与交换应用接口，一般可以包含一个共享数据库，存放由多个应用软件工具共享的信息，特别是有关工区的管理信息。但是，不可能要求所有数据都存放在一个数据库中。把不同应用软件用的所有数据存放在单一的数据库，有许多弊端。(1)工业界多年来一直致力于统一数据模型(例如公共石油数据模型联合会PPDM的PPDM数据模型和石油开发软件协会POSC的EPICENTRE数据模型)。然而，这种统一的数据模型由于考虑到不同学科的需要，往往过于庞大复杂，所以许多勘探软件仍然使用各自的数据模型。(2)从优化存取效率而言，对一个应用软件是最佳的存储方案，对于另外一个应用软件则可能不是好的方案。特别是那些海量数据(例如地震数据)没有必要全部存放在商业数据库(例如Oracle)中，可以存放在大数据文件中。

数据存储服务，提供多种类型数据存储介质管理，包括，磁盘存储和磁带存储。许多大型数据处理中心还配备自动磁带库管理。

(6)集成平台。

集成平台提供集成应用软件各个部分间集成框架和应用软件与外部环境（特别是资源管理和作业调度等）的接口。

面向油气勘探开发软件集成平台，支持地球科学、油藏、钻井、生产多学科应用软件集成。对于集成框架可以有几种设计模式或标准的设计问题的标准解决方案。石油工业上游的不同应用软件集成，有几个标准的设计模式（图5-13）：(1)管道过滤模式：每个应用有一组输入和一组输出，数据经过一系列输入/输出口，从一个应用传递到另外一个应用。(2)数据存储中心模式：从中心数据仓获取数据，对数据进行分析和变换，然后放回到中心数据仓。由中心数据仓表示系统的状态，数据仓与应用的连接有不同的式样。被动型的传统数据库结构—应用激发对数据仓动作；主动型的仓库结构（如黑板结构）—数据仓当前状态激发。(3) 发布/订阅模式，或称观察者模式——当一个对象的状态改变，需要更新多个对象。也就是说：多个对象依赖于一个对象；依赖的对象的集合可在运行时更新。发布/订阅模式解决方案，是允许依赖的对象（订购者）订购关注的对象（发布者）消息，当发布者的状态变化时更新它们。发布者可以把状态变化通过消息服务器传送给订购者。订购者根据状态变化消息，采取相应的动作。这样，从单个应用程序进程发送的消息，可以送给任意数目的关注该消息的应用程序进程。发送消息的进程不必了解接收的进程及接收后如何处理。

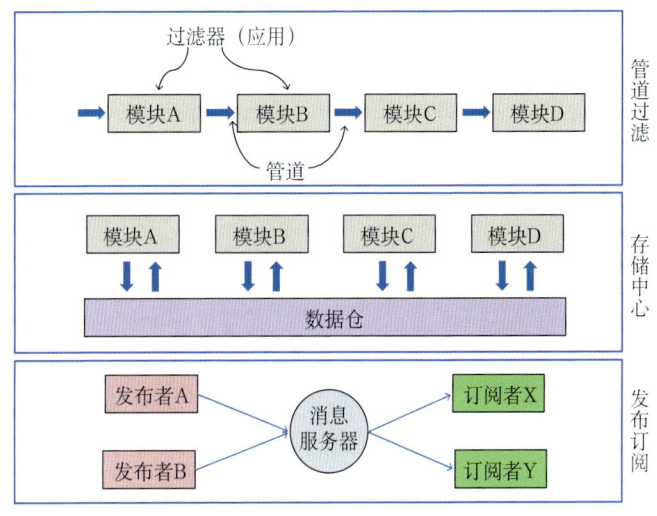

图5-13 油气勘探数据分析几种常见模式

5.4 物探软件体系结构设计问题讨论

物探软件体系结构设计，应具有如下四个基本特征[7]：层次化、"控制引擎"和"功能模块"分离、统一的系统运行服务和基于框架应用开发。我们这里讨论这些基本特征为软件开发和应用带来的好处。

5.4.1 层次化

层次化早已经成为复杂系统设计的普遍采用的原则。各种类型软件设计的成功实践，从操作系统到一般应用程序，几乎都具备层次性。任何结构良好的系统都应该具有清晰的层次定义，每个层次通过一个定义良好的、受控的接口向外提供一组内聚的服务。软件体系结构层次化便利团队开发，以及系统调试、扩展、维护。如同SALSA（科学数据分析层次软件体系结构）和前面提出的"5+1"模型所定义的，物探软件系统最基本的层次应该是：(1)互动层，或称用户界面层；(2)分析层，或称应用层；(3)数据存取层，或称数据层。每个基本层次的内部还可以进一步分层。软件分层允许对于特定分层的外部修改局部化，可以对单个层进行优化，并可以增加模块的重用性。

  互动层可以指"胖客户"桌面计算机，或者连接到集群计算机节点的"瘦客户"终端，以至手提设备和其他设备。地震数据处理解释系统中一般把有关用户界面集成为一个用户主控制台，是交互主控引擎的例子。初级的主控制台只是由若干应用程序的图标（Icon）的集合组成，当点击某个图标，则激发相应的软件程序。先进的主控制台，如同GeoEast V1.0地震数据处理与解释一体化系统的主控制台，则包含用于表示数据处理解释项目的数据流树和任务流树，并可以从这些树浏览信息、激发应用程序和交互控制应用程序的运行。客户端一般包含有两类用户交互界面模块：一是基本用户界面模块（例如，流程编辑程序、剖面显示程序等，一般基于Qt工具箱开发的模块，可以设计为独立的功能模块，也可以嵌入主控制台窗口，设计作为主控引擎的一部分）；一是可视化交互分析模块（例如，交互观测系统分析程序、交互静校正分析程序、三维可视化程序等）。

  应用层可以是独立的应用服务器，或者由集群计算机的主节点和若干计算节点组成。应用执行引擎提供对应用功能模块的管理和驱动。在地震数据处理系统中的执行控制程序，是应用执行引擎的例子。其功能是批量作业执行控制，在这样的作业中，一系列地震模块构成一个处理序列，每个模块从前面模块获取数据，处理后的数据传送给后面的模块，由批量执行控制程序管理处理循环调用和数据流管道。

  应用功能模块，是有关领域业务逻辑的实际工作模块。在地震数据处理解释系统中一般有数十或数百个数据处理、反演和解释应用功能模块。应用功能模块可以在运行过程中由应用执行引擎动态地调用和加载。在应用功能层通常也设置一些基本子程序模块。基本子程序模块可以被许多应用功能模块调用。例如，有关工区信息的子程序，有关文件处理，参数译码，坐标转换，有关公共数值算法子程序等。应用功能模块具有可扩展性，包括水平方向扩展和垂直方向扩展。

数据层可以是独立的数据服务器，或者是集群计算机的若干数据管理和I/O节点。数据管理引擎包含数据管理、项目管理、数据目录和存取控制能力。一个数据服务器可以汇集多个项目/工区的地震数据、油藏数据和工程数据，并可为分布式工作环境提供中心化服务，支持分布式数据集成。

5.4.2 控制引擎和功能模块分离

在层次化的基础上，将控制引擎与功能模块分离（图5-14中间部分），这样：(1)互动界面层或称UI（用户界面）层，包含互动主控引擎和若干UI交互模块。(2)应用层，包含应用执行引擎和若干应用功能模块。(3)数据层包括数据管理引擎和数据存取模块。

控制引擎与功能模块分离既提高了体系结构的灵活性，又降低了大型复杂软件的开发和维护的代价。其带来的好处有：

(1)便利软件开发组织。把控制引擎从应用功能模块中分离出来，则可以分别独立开发和更新"控制引擎"和"功能模块"：一方面允许开发者修改控制引擎进程而不需要改变下面的应用模块逻辑，新的控制引擎可适应对某些问题新的解决方案；另一方面，允许开发者更新任何功能模块，只要应用模块与控制引擎间的接口保持相同，高级别控制引擎保留不变。控制引擎与应用模块的分离，使得这两部分可以由不同组处理，还可以缩短软件开发的时间。

(2)便利维护。控制引擎与功能模块分离可提供更好的可维性，允许具有领域专门经验知识的人员参与相关软件维护。对于大型一体化软件系统这一点尤其重要。

(3)有利于提升系统性能和运行效率。从应用功能中分离出控制引擎，有可能超越当今体系结构的某些约束，并还可望更容易使用某些有关的软件性能调试和检测工具。

这里讨论的体系结构成分"互动层-应用层-数据层"，以及运行服务和开发服务，均建立在集成平台上，一般是现代网络环境，就形成了如同图5-14新型物探软件体系结构模型中间部分，该模型可以看为"5+1"模型的发展。类似"5+1"的体系结构模型，有许多变种，例如，"4+2"模型（参见第2章参考文献［5］），以及Texas A&M 大学在石油高性能计算领域提出过的2×3模型（图5–15）[8, 9]，显然，图5–14中间部分的互动层—应用层—数据层，也是一种2×3模型。

图5–14　新型物探软件体系结构模型

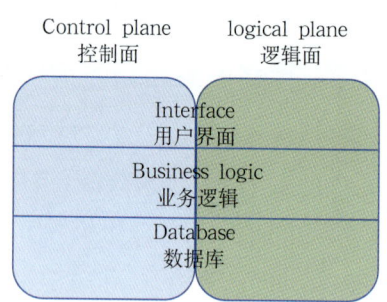

图5–15　2×3软件体系结构模型

5.4.3　统一的系统运行服务

地球物理应用程序的运行环境包括计算机系统、数据和用户。统一的系统运行服务提供的好处有：(1)优化资源使用。统一的系统运行服务提供作业和系统资源调度服务，可优化系统共享资源的利用。(2)便利应用和数据集成，提供数据共享和模块共享的应用集成策略。油气勘探越来越注重采用"一体化"解决方案，例如，地震处理和解释软件一体化，地震和重、磁、电软件一体化。以往，不同领域的应用软件各自利用本领域的数据，而各领域有其自己的数据格式，不便于其他领域软件存取。统一的系统运行服务支持统一的数据服务接口，可实现应用软件和数据的"即插即用"。(3)便利协同工作。统一的系统运行服务提供统一的通讯服务接口，支持不同应用程序间"互操作"。

运行服务，其基本功能是提供系统各个成分间的通信服务，也可以称为通讯服务平台。基本通讯服务包括消息通讯、数据管道通讯、远程服务调用及相应的管理服务和监控服务，还提供了面向远程服务调用的接口定义语言和接口定义工具。

运行服务可以通过软件总线技术实现.软件总线技术的基础是组件技术，其主要思想来源于硬件系统中的硬件总线概念。所谓软件总线是指系统定义了一组接口规范，任何应用程序、软件系统或工具只要具有与该接口规范相符合的接口定义，就能方便地集成到系统中。软件总线是提供系统中组件之间相互通信的逻辑通道，不同组件之间按照共同的通信接口协议相互协作实现指定功能，实现组件的即插即用、无缝集成。对于地球物理数据处理和解释，软件总线应该支持两类基本集成：(1)软件组件之间的控制集成，包括基于发布者/订阅者的模式，来完成的一个组件发布消息，对应的相关组件通过服务总线中的组件管理收到消息，做出相应的处理，完成指定功能。(2)支持软件组件之间的数据集成，不同软件组件可以通过软件总线，请求数据平台服务，实现组件之间的数据共享。

标准化和动态性是软件总线的两大特点。标准化是构建一体化系统的关键。系统服务标准化体现在标准的系统服务接口和符合标准的系统服务软件组件。从动态性讲，软件总线解决应用集成和数据集成的需要。基于软件总线的系统服务平台，提高了系统的可扩展性。

5.4.4 基于框架应用开发

软件编程发展历程主要是：从无结构代码（所有东西均在主程序中），到子程序库（发展了许多算法子程序库，如，FFT库，这些子程序库对于地球物理应用软件开发仍然有重要价值）、到面向对象类库（随着越来越多的地球物理应用采用面向对象设计和C++编程技术，面向对象类库也越来越成为地球物理软件开发的重要工具），以及到最新的以体系结构为中心的基于框架应用开发模式发展。

应用框架是一种可以重用的应用软件的半成品，它可以被用来建造一族应用程序或功能模块。我们也可以把应用框架看成是一组相关组件的集合，这些组件的相互作用关系形成了一个可以重用的架构，可以被用来建造一族应用程序或功能模块。基于框架应用开发可以看作面向对象开发的发展。基于框架应用开发允许将构件（软件或程序模块的片段）在一个框架里与其他构件组合。基于框架应用开发容易实现软件的协同工作，性能监控的自动化。

开发服务，提供基于框架的应用服务，也可以说是提供"应用开发平台"，或"应用框架平台"。现代应用软件开发工具箱不但包括子程序和函数库（传统的面向过程）、类库（面向对象），还包括面向对象应用框架。例如，在GeoEast V1.0地震数据处理解释一体化系统中，就包含了交互应用框架、模块生成框架和三维可视化应用框架。交互应用框架，基于M—V—C（模型—视图—控制器）的设计，提供交互显示基本模块（图形、图像功能），以及有关地球物理、岩石物理和油藏工程常用的数据基本模块（数据存取与交换功能），使得开发交互程序模块变得容易。模块生成框架用于自动生成地震批量处理模块的骨架程序，使得开发批处理程序模块变得容易。三维可视化应用框架则提供三维可视化场景管理，使得开发可视化应用程序模块变得容易。

应用开发者写的程序片段，被合成到框架中。这样的合成可以是静态的（在连接时），或是动态的（运行时）——即所谓构建应用程序的"即插即用"方式。

基于框架的应用软件开发，已经在物探软件开发中得到应用，例如，我们在第2章介绍的GeoEast地震处理解释一体化系统中就有批量处理应用模块框架、交互应用框架和可视化应用框架。东方地球物理公司在地震采集工程软件系统设计中采用了插件框架技术。魏福吉等在文献[10]中较全面讨论了按照面向服务的体系结构理念，建立了适合业务需求的大型地震数据采集工程软件应用集成框架，详细介绍了该架构实现的关键技术（包括一致性数据模型设计、架构组成成分的功能设计和基于插件的应用集成框架设计等），阐明该框架设计具备地震数据采集工程软件二次开发所需要的可扩展、高复用、松耦合等特征。

5.5 组合多式样异构体系结构

5.5.1 层次组织及其优缺点

一个分层的系统是层次组织的，每层为上面的一层提供服务，并利用下面一层的服务。层对于除了相邻层以外的层隐蔽，或可以部分隐蔽。注意，在分层结构中，不同层次的组件成分可以是不同的结构(一组子任务在层次的某层上实现"虚拟机")，而不同层次间组件的连接，通常为过程的调用。一般通过协议/接口定义层次如何相互作用。分层结构系统的优点在于可以增加抽象的层次。这就是说，分层体系结构，在某种意义上，具有类似数据抽象/面向对象优点。这样的系统容易实现集成不同应用工具，容易实现标准化，而且容易维护。在理论上，一个层的组件只对它的上面和下面层组件互动，这样减少了改动影响范围。分层体系结构，在某种意义上，具有类似流水线优点(一个组件只与两边通信，但可以有更多的通信)；可以重用，某些层的不同实现可以互换。缺点是并非所有系统都可以只用分层体系结构建造；存在性能问题———穿过多层次，会降低效率。

5.5.2 异构体系结构的结合

为了充分利用分层结构系统的优点并避免其缺点，物探软件系统的体系结构应该是多种式样的异构体系的结合。一个成分是一个式样的体系结构组件，而这个组件的内部有内部式样，可以用不同的式样开发。例如，流水线内部的组件用面向对象 (OO)式样开发。异构体系的结合，在地震数据处理中可以既利用流水线作业优点，又可以方便实现交互处理。这个体系结构包括有基于事件隐式调用的体系结构的部分。实际上，图5-16a的分层体系结构可修改为图5-16b形式，其中消息服务可以是基于事件隐式调用的体系结构。这样的体系结构式样(模式)以组件间的通信为特点：不一定是直接调用过程，而传送消息给组件，通知或广播事件，如图5-16c所示。注意，事件的通知者不知道哪些组件受影响，也不知道这些组件处理消息的顺序，或会出现什么问题。这样的体系结构已经在用户界面(M-V-C)的观察者设计模式中得到应用。基于事件的隐式调用体系结构的优点是可以很好地支持重用(通过注册事件)，可以插入新组件，具备可维护性(增加和替代组件)，对系统其他组件影响最小；缺点是当对象通知一个事件时，它不清楚哪些组件会响应它，不能确定组件调用次序，不能得知它们是否已经完成。所以，通常不但需要隐式调用，也需要显式调用。实用的体系结构是组合的体系结构。这样，即使是隐式调用的模块，也可以有内部分层结构。即使在相同层次上，体系结构也可以是不同式样的组合。单个组件可能利用体系结构连接器混合调用。

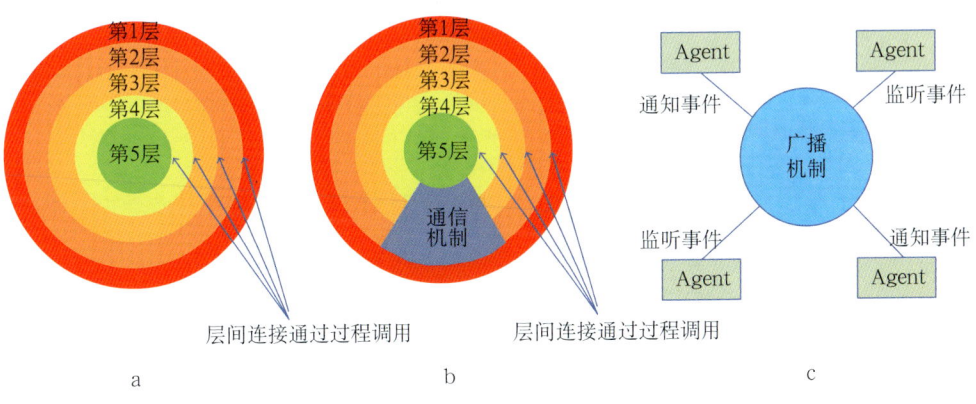

图5-16 分层体系结构、消息服务和基于事件的通信机制示意图
a—分层体系结构；b—分层体系结构附加消息服务；c—广播通信机制

5.6 小结

早期一些研究人员编写的地震处理程序,一个个均是孤立的,没有形成应用系统。这样的工作方式难以适应快速变化的生产应用环境。地球物理勘探模块化的应用软件系统,应该有一个"基本"的核心系统和服务性模块,管理应用功能模块的运行和数据道传送等所有操作。从应用系统概念,后来发展出许多新概念,特别是,"软件集成平台"和"软件体系结构"等。

进入21世纪,石油工业界十分重视发展E&P(油气勘探生产)软件集成平台,并重视研究软件体系结构。软件体系结构设计已经成为软件开发过程的中心环节,成为许多软件工作的基础,如初始规划、团队组织和工作指派、模块化建造和测试、集成、维护和扩充。物探软件体系结构应具有如下四个基本特征——层次化、控制引擎与应用功能模块分离、统一的系统运行服务和基于框架的应用开发。对于一般软件开发,不必严格符合这些特征,但应当与这些特征进行对照。若违背了其中的一条,那么就应该警惕——你的软件系统将不利于应用集成和数据集成。

参考文献

[1] Iansiti M. Technology Integration:Making Critical Choices in a Turbulent World. Boston,Mass.:Harvard Business School Press,1997
[2] Michael H B. New Competitive Advantage. USA:Oxford University Press,2001
[3] 王宏琳. 地球物理勘探软件平台技术. 北京:石油工业出版社,1999
[4] Shaw M and Garfan D. Software Architecture:Perspectives on an emerging discipline. Prentice Hall,1996
[5] 王宏琳. 赵振文. 林庆忠. 油气勘探一体化软件体系结构. 勘探地球物理进展,2003,26(3):161~166
[6] William Ingram, Rodney D Brown. Defining and implementing a scientific analysis software architecture. November 2002,OOPSLA 2002 Practitioners Reports, http://doi.acm.org/10.1145/604251.604261
[7] 王宏琳. 地球物理软件体系结构研究. 石油地球物理勘探,2008,43(5):606~611
[8] Mai Z, Cheng D, Ewing R E, Qin G, Zhao W. Application of 2×3 Architecture to Reservoir Simulation Systems. Technical Report, ISC, TAMU, 2004
[9] Ewing R E, Qin G, Zhao W. High performance computing in petroleum applications. International Journal of Numerical Analysis and Modeling,2005,1(5):1~16
[10] 魏福吉,徐维秀. 面向地震数据采集工程软件的应用集成框架技术. 石油地球物理勘探,2013,48(5):809~815

6 智慧油气田

6.1 从信息高速公路到智慧油气田

6.1.1 信息高速公路

"信息高速公路"是美国政府于1993年提出的"信息基础结构NII（National Information Infrastructure）"❶的俗称。信息高速公路实现各类数据资源库互相关联，达到最大限度的资源共享。

设想一个物探解释员在他的建立在Web上的信息门户开始一天工作。其网页配置显示所有工作要求、作业在昨夜运行的状态、数据订单及其交付日期，以及与项目有关的其他信息。他可以收到世界各地合作者送来的信息，他不用离开办公室，就可以参与解释活动。

解释员只要配备了基本的地质、地球物理解释软件，大部分时间都能够满足工作需要。偶然需要新的软件工具，解释员可以通过点击菜单，从应用服务提供商（ASP）处租用。若所需要的特殊工具或新应用软件不是ASP捆绑服务一部分，解释员可利用增值软件和服务的菜单获得。例如，一个与油藏开发有关的项目，油藏模拟程序在远程ASP的超级计算机运行，模拟结果直接显示在解释员的浏览器中。如果解释员希望执行另外的模拟，只需改变少量参数，重新传送模拟作业即可。

解释员可与全球合作者协同工作，甚至成为专门的知识服务提供商（KSP）。例如，资深解释员可以在深水河道相方面为几十个项目提供咨询。

---

❶ 1993年11月，时任美国副总统的戈尔和商务部长布朗正式宣布："美国将实施一项永久地改变美国公民的生活、工作和沟通方式的国家信息基础结构（NII）。"

当开始一个新领域的项目时，可以从公司的数据库抽取有关井、区带、生产信息和其他可以利用的数据列表，也可以得到数据服务提供商（DSP）提供的附加信息及其价格的列表，了解DSP的历史和卖主数据的质量，最终数据的使用者可以通过Web直接与数据DSP打交道。

6.1.2 数字地球与数字油气田

在信息高速公路提出几年后，以美国宇航局(NASA)为首的多个政府机构联合提出了宏伟的数字地球计划❶，力求开发的系统可以汇集全球有关信息。中国也在1999年首次组织和举行了第一次数字地球国际会议。中国科学院在预测新世纪十大科技成就时，数字地球名列前茅。其他一些地区性和专门领域的各种数字化计划也纷纷呈现，如"数字城市"、"数字油气田"、"数字海洋"等。

1999年9月，在美国马里兰大学召开的一次关于数字地球的会议上，大多数人同意把"数字地球"定义为"数字地球是我们星球的一种虚拟表示，使人们可以探察汇集有关地球的自然和人文信息，并与之互动"。仿照这个定义，我们可以把"数字油气田"定义为"数字油气田是油气田的一种虚拟表示，使人们可以探察汇集有关该油气田的自然和人文信息，并与之互动"[1]。这就是说，可以把数字油气田视为一种特别的系统，这个系统汇集了油气田的有关数据、信息、软件和知识，是空间性、数字性和集成性三者的融合统一；并提供油气田的虚拟现实表示，形成该系统与其他信息系统的根本区别。

虚拟现实是指由计算机生成的虚拟世界，在这个虚拟世界中，人可以用自然的方式操作对象，并与对象互动。所谓"自然方式"，包括声音、头部转动、眼动和手势等人体动作。虚拟现实借助一些三维设备和传感设备完成交互操作。几十年来，传统的方式是使用计算机的字符输入输出，即UNIX系统和DOS系统的键盘式命令行一维输入、输出界面。随着计算机图形技术的发展，目前广泛使用的是键盘加鼠标式的二维图形人机界面。如今，由计算机图形学、多媒体技术、人工智能技术、人机接口技术、传感器技术和并行实时计算技术等集成发展起来的虚拟现实技术可以产生三维甚至多维的、具有沉浸感的人机互动界面或境界，

---

❶ "数字地球"是时任美国副总统戈尔先生于1998年1月在加利福尼亚科学中心的讲演中提出的创意。数字地球概念在中国迅速传播，早在1999年1月29日，上海《文汇报》《科技文摘》专辑刊登《从数字地球到数字中国》和《数字地球和探油》（后者是本书作者之一撰写的）等文章。

可使操作者甚至观众与计算机所产生的多维图像融为一体，身临其境地实现大如宇宙或地球、小如细胞甚至分子原子的剖析、解释、模拟和体验。可以预料，就像二维图形界面(如微软的视窗系统)把一维的字符界面逐渐淘汰掉一样，三维和多维互动界面将逐渐成为主流技术，并随之引发从科技发展到工业应用和社会生活的巨大变化。

在一个数字油气田系统中，人们可把复杂的地表三维地形和地下地质情况经过地球物理成像转换成动态、可视和可交互的三维图像，可随意沉浸其中寻找油气圈闭和油藏，设计井位和开发方案、确定钻井轨迹、发现剩余油藏和隐蔽油藏，配合油藏模拟软件可以身临其境地追踪油藏的生产史、识别死油区和绕流区，优化开发方案，改善油藏管理。在这样一个数字油气田虚拟现实中心里，技术负责人和管理决策者不再是按传统作法只通过审查纸质报告图集和听取多媒体介绍来进行决策，而是和专业人员一起，通过声控或其他交互方式，"沉浸"到工作区的各种圈闭和油藏周围，甚至沿着要布的钻井轨迹，触摸那些储层，身临其境地检查成果，调看不同思路的建模和模拟结果，从而达到降低风险、优化决策的效果。

6.1.3　智慧地球与智慧油气田

程大章教授在其著作《智慧城市顶层设计导论》中提到，"有位领导说，'原来倡导数字城市，现在又叫智慧城市，数字城市很多工作还没有完成…'"[2]。在石油工业界，同样有这样的疑问：原来倡导数字油气田，为什么现在又提出智慧油气田。

正如前面提到的术语"数字油气田"与"数字地球"有关联，这里的术语"智慧气油气田"也与"智慧地球"有关联。"智慧地球"是IBM公司首席执行官彭明盛2008年首次提出的新概念。

国内外大型石油公司均十分重视数字油气田建设并已经获得重大进展，哈里伯顿和斯伦贝谢等油田技术服务公司发展了信息技术业务❶，BGP的信息技术服务业务也有很大的发展[3]。但是，信息化和数字油气田建设永远没有终点，需要不

---

❶ 2000年9/10月号的〈亚洲油气〉的一篇文章描述石油业网络竞争时候："环球网大战争！对手是哈里伯顿和斯伦贝谢。不过，这次是在因特网上…"。尽管有关"电子商务"曾经被过度宣扬，但"信息高速公路"对于石油工业技术发展已经产生深远的影响。

断升级换代。数字油气田有许多不同名称，如剑桥能源研究会的"Digital Oilfield（数字油气田）"、ChevronTexaco的"i-fields（I-油气田）"、BP的"Digital Oilfield of the Future（未来数字油气田）"、Shell的"Smart Oilfields（智慧油气田）"。在本书中，将智慧油气田看成是数字油气田的升级换代。当然，数字油气田升级换代不同于具体软件产品的版本号升级（如GRISYS 8.0、GeoEast 2.8、或Office 2010、Petrel 2013）。这是因为数字油气田并非单一技术，而是许多技术的集成。在油气勘探与生产领域，软件平台每隔7~8年总要更新、升级———一些软件公司在1.0版本软件平台发布、演示、销售、安装、支持和培训的同时，即开始筹划如何进行2.0版本软件平台的设计和建造。如果说，过去在几年中建设的是数字油气田1.0，那么，现在应该开始筹划数字油气田2.0了。当然，这里的"2.0"只是比喻。数字油气田的升级版——数字油气田2.0，可以称为"智慧油气田"。

如果说，数字油气田1.0实现了利用统一的平台和网络技术管理勘探与生产数据，智慧油气田则包含对勘探与生产数据进行智能化的应用。数字油气田1.0成功地进行了各种数据资源中心建设，而智慧油气田则包含对数据进行分析之后采取行动。

6.2 数字油气田技术集成

6.2.1 从"综合集成信息系统"到数字油气田

早在20世纪末，油气工业界就开始发展"综合集成信息系统"，以便缩短勘探周期，降低勘探成本。所谓计算机集成油气勘探，是指在计算机集成环境下，将勘探数据转换成地质构造和岩性信息，再将这些信息转换为关于盆地、圈闭、储层的知识，从而形成决策智慧的过程。这样的综合集成信息系统，现在以"数字盆地"、"数字油藏"著称。物探计算机应用最早是从数据处理开始发展的，现在在构建数字油藏中，发挥着重要作用。

术语"计算机集成油气勘探"与术语"计算机集成制造（CIM）"有类似之处。CIM是通过计算机硬软件，将企业生产全部过程中有关的人、技术、经营管理三要素及其信息与物流有机集成并优化运行的复杂的大系统。计算机集成油气勘探系统，同样是复杂的大系统。如今，从"计算机集成制造"，发展到"数字工厂";从"计算机集成油气勘探",发展到"数字油藏"和"数字油气田",以及"智慧油气田"等。

一个油田或气田,每天产生若干Terabyte数据。一个油气工程师三分之一或60%时间花费在数据挖掘上。油气田系统变得智慧化,计算技术进步,使得科学家看到以前看不见的东西,自主传感技术和数据分析用于改进勘探,增加可采储量,提高采收率,远程监控油气田,预见潜在问题,降低对人或环境的风险。国际主要地球物理和油田技术服务公司现在均在发展盆地、区带、油藏和井的数据集中存储、统一管理和共享服务。

数字油气田和智慧油气田目标是将自主传感技术和数据分析用于改进勘探开发,增加可采储量,提高采收率,远程监控油气田,预见潜在问题,降低对人或环境的风险。

在过去十几年间,数字油气田有过不同的定义:(1)数字地球模型在油气田的具体应用——一些研究者将数字油气田看作是数字地球的分支,与数字城市、数字农业等同类。强调数字地球的指导作用和GIS的作用。(2)油气田自然状态的数字化信息虚拟体——一些地质家将数字油气田看作是油气田地质的数字化模型。强调对地质实体的模拟功能、模型的互动性和地质属性的精细度。(3)油气田的实时监测与管理系统——一些工程师将数字油气田看作是实时或近似实时监视和管理油气田的所有操作活动的手段,不管位置在哪里。(4)数字化的企业实体——一些企业家将数字油气田看作是数字化的油气田企业。强调信息技术在油气田的全面的、深层次的应用,重视资源的重整与优化,突出数字油气田的战略意义。所有这些定义,有一个有共同点——收集、交换和最终提供信息,以支持油气勘探和开发业务。如果说,在20世纪,先进的计算和通信技术在地震处理和成像、油藏数值模拟和许多其他领域中的应用,成为石油工业技术发展的重要里程碑,那么,在21世纪,数字油气田的概念将迅速发展成为油气行业中一个重要的现实,成为技术发展的新里程碑。

数字油气田并非指以下某单一技术,而是这些技术的集成:(1)测量仪器——井口、生产、储存和运输设施配备适当的仪器,用于按照标准准则实时度量。(2)自动化系统——监控不同位置生产设施,提供准确信息使得生产运输过程稳定、优化。不同层次自动化整合,保证数据统一。(3)通讯(WAN)——统一全公司范围分布各地的生产、运输和储存系统，各层级自动化系统。(4)数字油气田软件平台——集成数据管理系统与科学专业系统，改进运作效率和决策。面临的主要挑战是设计基础架构，以促进跨专业数据集成和工作流程集成。

数字油气田集成井场的数据采集、通信、应用软件和数据库，支持集成操作（图6-1）。正如哈佛大学商学院Marco Iansiti教授指出的："技术不能够孤立工作。技术不仅离不开围绕着它活动的事物，也离不开其他技术。技术结合其他技术，集成的系统产生增值"。

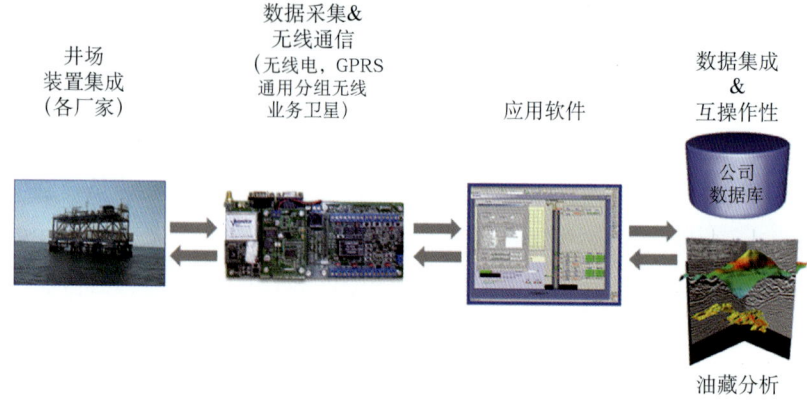

图6-1　数字油气田集成井场数据采集、通信、应用软件和数据库

数据集成是数字油气田技术集成的重要环节。中国石油信息化建设项目中，特别是A1（勘探与生产技术数据管理系统，图6-2）、A2（油气水井生产数据管理系统）、A7（工程技术生产运行管理系统）的集成，提供了数字油气田数据集成重要基础。一般说，数据集成方法有：基于XML标准、基于XML通讯模式(SOAP)、面向服务架构(SOA)。

数字油气田软件平台基本要求是：(1)所有的数据和信息必须容易交付、可视化和由决策者进行分析。(2)提供高质量可靠的实时数据。所有的分析数据和决策必须容易传递回油气田。(3)必须实现应用程序可视化工具集成，以及与供应商和服务无缝通信。软件集成平台支持跨专业协同工作。软件集成平台支持更好的知识获取和共享。(4)支持实时监测油气田，改善操作管理，及时处理复杂事件。

6 智慧油气田

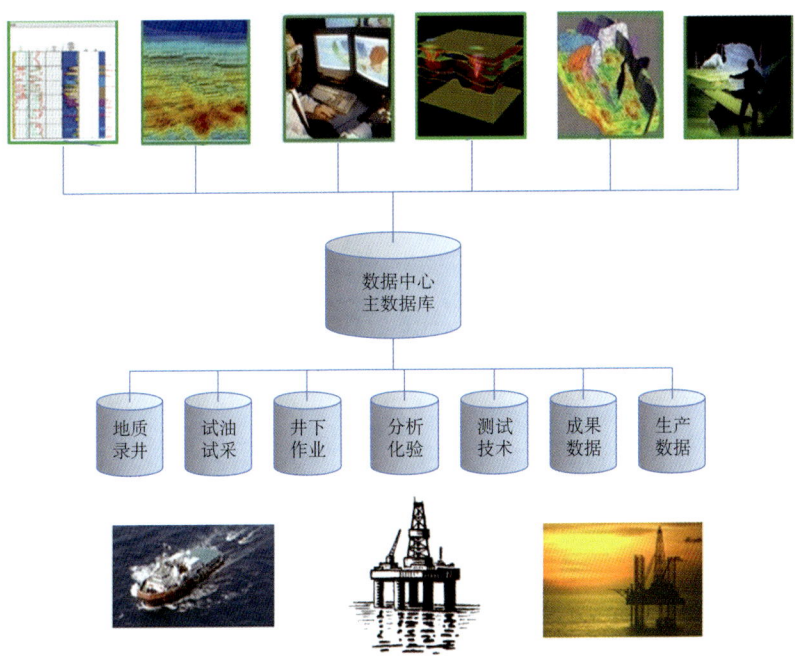

图6-2　勘探与生产技术数据管理系统(简称A1系统)示意图

6.2.2 数据集成

数据是石油工业的宝贵资产。但是，数据管理历来存在诸多问题。早在1991年11月，Chevron公司的Lee Lawyer指出，地学工作者60%时间花费在查找数据，只有18%时间花费在实际的工作（图6-3）。1997年11月，Shell的Rockall在马来西亚科伦坡召开的一次会议上，也展示过同样的统计信息。

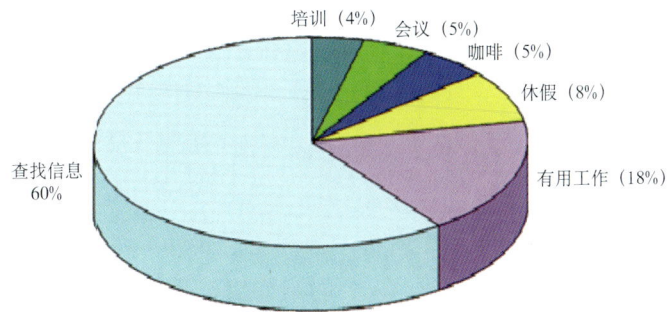

图6-3　查找信息耗费了地学工作者大量时间（引用Lee Lawyer）

2001年，BP公司的Smalley 和 Espeland也指出，BP地学工作者44%时间花费在数据查找、存取和质量控制上，50%花费在增值解释和分析上，其他6%花费在档案和存档上。这样的困境有望通过数据集成和共享得以改变。

数字油气田是集成油气田数据、信息、软件的综合集成系统。从20世纪90年代中期以来，许多油气田开始建立所谓"数据银行"或"勘探与生产技术数据管理系统"等其他数据库系统，为建立数字油气田奠定了有利的基础。因此，我们从数据银行开始展开讨论。石油数据银行实际上是一种新一代数据库，但是，它与石油工业界早已熟悉的"项目数据库"有较大区别：

(1) 石油数据银行或勘探与生产技术数据管理系统，是按照统一的数据模型存放多学科数据。中国石油集团的"勘探与生产技术数据管理系统"采用了中国石油勘探与生产一体化数据模型（EPDM）。

(2) 进入数据银行或勘探与生产技术数据管理系统的数据均经过严格的质量控制、审查，确保了所有数据的完整性和正确性。例如，地震数据的存储要在磁带头有处理流程信息。

(3) 数据银行或勘探与生产技术数据管理系统采用多层次的存储介质，其中包括联机(磁盘)存储、近机存储(自动磁带库)和脱机存储(磁带库)。高密度存储介质的应用，提高了地学研究效率。

(4) 具备可视化的数据查询和检索系统，并与应用系统的项目数据库建立应用接口。常规的可视化查询和检索是指二维的图形人机交互界面上的用户操作，逐渐淘汰了早期的命令行字符串输入输出界面。三维和多维人机交互界面将成为数据银行增值和产业化的重要方向。

20世纪90年代中期以来，国际上若干大型地球物理服务公司都在发展数据银行技术。石油数据银行具有先进的数据加载、管理、维护工具和检索、应用工具(图6-4)。考虑到互联网启动的特征，大多数石油数据银行采用JAVA语言来实现通用平台的用户界面。

数据银行通常采用主库和分库概念，具有分布式可扩展结构，数据异地存储互为备份，主库和分库间采用高速(宽带)网络连接，主库和应用端采用企业高速内部网。从互联网技术发展来看，成为投资发展重点的互联网络数据中心就是产业化和商业化的数据银行。

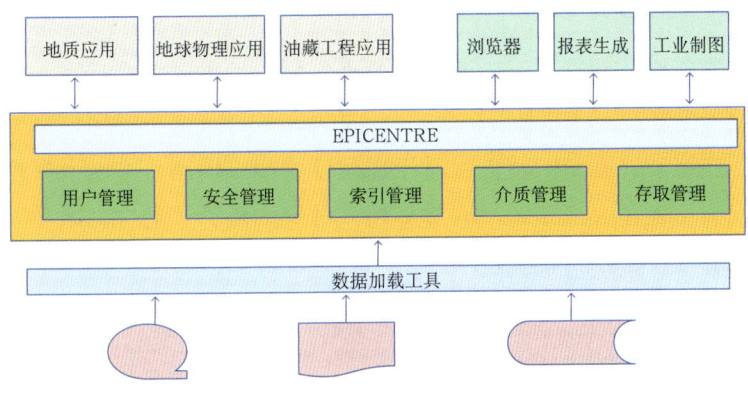

图6-4 数据银行结构

数据银行为石油工业数据共享提供了物质基础。但是，一方面，应用程序间数据交换，若全都通过数据银行，会存在效率问题，若同时使用不同厂家的数据银行，会存在兼容性问题；另一方面，以往的大量应用软件和数据资源还具有重要的使用价值，并会长期存在。因此，需要建立远程异构数据仓(项目数据库、数据仓库和数据银行等)的信息共享平台。

6.2.3 应用集成

所谓开放式应用软件集成，是指各种计算机应用软件(如地震处理与解释、地质分析、岩石物理、地质统计、油藏建模、油藏模拟、钻井设计与管理、采油工程、经济评价、生产数据管理等)能与各种数据仓无缝连接，达到即插即用的状态。应用与数据的集成，提供这些应用软件的互操作的机制。除了厂家把其数据银行与其专有应用软件直接作为系统产品以外，应用与数据的集成有两种方式：紧密集成和松散集成(图6-5)。

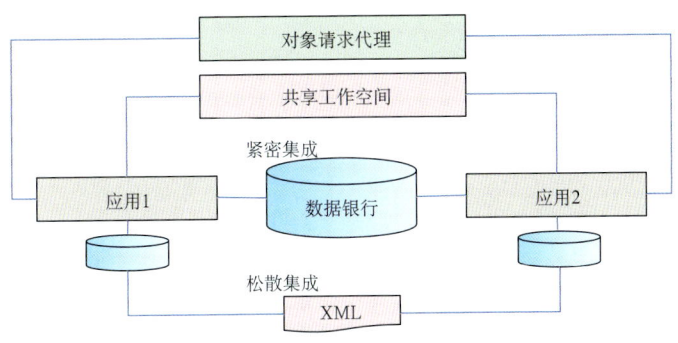

图6-5 两个应用程序间的集成方式

6.2.3.1 紧密集成

在紧密集成这一领域，近年最重要的进展是应用集成框架解决方案，可以通过中间件技术来实现。中间件是一种独立的系统软件或服务程序，用于连接两个独立应用程序或独立系统的软件。基于中间件的集成框架，可以由软件开发人员和勘探开发人员使用，提供跨平台和分布式计算的能力，用户可以使用远方或不同类型机器进行数据处理和解释。

对于石油勘探开发而言，处理来自不同厂家的数据库中的数据，涉及数据转换和传输，这是很常见并且是很麻烦的事情。OpenSpirit是一种基于中间件的集成框架，就是针对上述问题由一批石油公司和石油技术服务公司组成的联合体开发的，其商业运作现由壳牌石油公司、雪佛龙石油公司和斯伦贝谢公司联合控股的OpenSpirit公司经营。OpenSpirit软件包含用Java和C++语言开发的若干组件：(1)分布式对象框架。是系统的基础，提供标准的CORBA服务（名字、事件、交易、生命期、集合、属性、并发等）及一些附加服务。(2)数据框架。包括业务实体对象（BEO）和支撑对象。它是永久存储对象的抽象，使得应用软件跨数据存储模型和操作系统具备可移植。(3)可视化框架。是跨平台的、可使用可视化组件的Internet浏览器。

6.2.3.2 松散集成

松散集成可以通过前面讲到的数据银行实现，也可以利用一种被称为XML的"可扩展标记语言"来实现。可扩展的标记语言XML是一种数据格式和存取、操作数据的语言，国际石油界对XML的研究非常热烈。论及石油工业界的XML标准，就必须提到美国石油学会（API）的电子数据交换委员会（PIDX），它已经建立了一个小组来扩充石油工业数据词典（PIDD），并规范XML的定义（标志、属性、句法）。其他已经推出的标准有石油标志语言PetroML、测井标志语言WellLogML、地球物理标志语言GeophysicsML等。可以通过基于XML的B2B集成服务器集成。开放的、基于XML技术的数据集成方法具有灵活、可扩展性强的特点，是发展的方向，可以为勘探与生产提供良好数据集成和管理手段。

6.3 智慧油气田

6.3.1 智慧油气田基本特征和支撑技术

在数字油气田建设中，特别需要关注数据资源的数字化、集成和应用。智慧油气田则具备如下几个特征：(1)智能感知——实时获取数据，实现数据集成和共享；(2)智能操控——实现操控自动化，流程自动执行，数据自动分析；(3)智慧预测——通过模型模拟，分析油气田现状，预测趋势；(4)智慧决策——利用优化技术和专家知识，提供优化决策。

智慧油气田的主要支撑技术包括：(1)通信与网络技术。①各种通信技术——光纤、3G、4G、卫星等；②各种类型网络——局域、城域、广域网；③Web技术——客户端、服务器端；④通信与互联网的结合——移动互联网，支持移动环境下网页浏览、位置服务、在线支持、视频等，视频内容将网络的"比特管道"，变成"智能管道"。(2)云计算核心技术。虚拟化技术和云计算架构（SOA构建层、管理中间件、资源池、物理资源）。(3)物联网技术。通过传感、射频、通讯等技术，自动采集与实时传输专业动态数据与静态数据，搭建规范、统一的数据管理平台，实现生产现场信息综合应用；建立远程作业支持中心，实现作业优化与生产协同。(4)顶层设计技术方法论。TOGAF的基础是美国国防部信息管理技术架构，提供详细架构模型，可用于指导设计：业务架构（定义商业策略，管理，组织和关键业务流程）、应用架构（提供应用系统蓝图，以及组织核心的业务流程）、数据架构（描述一个组织逻辑的和物理的数据资产和数据管理资源的结构）和技术架构（描述支持核心部署和关键任务应用的软件基础结构。这种软件有时也叫做中间件）。(5)数据管理技术。具备：数据模型（可扩展）、数据采集（手工采集、自动采集和感知）、数据集成（数据库和非结构化数据存储和管理）、数据应用（专业应用接口和数据服务）、数据安全技术（数据访问授权控制）。(6)应用集成技术。针对国内外主流油气藏研究专业软件建立整合应用框架，自动完成数据提取及数据格式转换，一键式发送至专业软件，提升研究工作效率，支持一体化协同研究。(7)可视化技术。支持大范围三维场景实时渲染技术，综合影像金字塔模型、模型加载网格优化、可见性裁剪、自适应渲染等技术实现大范围三维场景的实时渲染。(8)软件工程技术。随着智慧油气田应用功能的增加，软件开发面临的复杂性急促膨胀，需要以软件工程技术控制系统化、规范化、可定量的过程化方法开发和维护软件。(9)GIS是地理信息系统的简称，地理信息是直接或间接与地球上空间位置有关的信息。GIS具备数据采集、数据编辑与处理、数据存储组织与管理、空间数据查询和分析等功能❶。(10)安全技术。信息安全服务包括风险分析评估、应急响应和故障恢复，保证物理安全、网络安全、设备安全、应用安全和数据安全。

特别需要指出，智慧油气田受益于物联网技术的发展。物联网（Internet of Things）❷是一场计算和通信技术革命。物联网发展依赖许多重要领域的技术创新，从无线传感器到纳米技术。物联网概念源于1999年MIT的Auto-ID中心。MIT的Auto-ID致力于利用RFID（射频识别）和无线传感器网络建立物联网。物联网是物件、传感器、执行机构和其他智能技术，能够实现人到物和物到物通信。物联网是通过如同传感器、RFID标签和IP地址连接的对象的网络。物联网可望"连接任何对象和设备到大数据库和网络"。这样，信息和通信领域增加了新的维度：由从任何时间、任何地点对任何人的连接性，现在发展为对任何物件的连接性。也有人说，物联网具有6A连接性：任何时间(anytime)、任何物件(anything)、任何人(anyone)、任何地点(any place)、任何服务(any services)、任何网络(any networks)。

物联网需要开放的架构，以便在异构系统和分布式资源间实现互操作性最大化，包括信息和服务的供应者、消费者，不管它们是人、软件、智能对象或设备。分布式开放架构支持多种多样系统互操作性，具有清晰的层次：感知层、网络层和应用层。物联网的体系结构设计应如同互联网，能够适应物理网络中断，

---

❶ GIS的最重要的功能是数据集成，勘探开发GIS可以集成多个勘探开发数据库和应用软件。例如，用户可以在地图上选择一口井，从井数据库的表中获取属性数据，同时显示测井曲线和井间剖面信息。2D GIS即传统意义上的GIS，只能处理平面x、y轴上的信息，不能处理铅垂方向z轴上的信息。后来出现了2.5D GIS：在2D GIS的基础上，考虑了z轴上的信息，如能够表达出地表起伏的地形，但却不具有地下的信息。现在发展了3D GIS：允许多个z值的出现，能表示多层属性。3D GIS加上时间维的处理即为4D GIS。

❷ 物联网英文简称IOT(Internet of Things)，在学术界还提出了与此类似的互联性，如：人联网IOP(Internet of People)、能源互联网IOE(Internet of Energy)、媒体互联网IOM(Internet of Media)、服务互联网IOS(Internet of Service)等。这些互联性是正在兴起的"工业互联网"（Industrial Internet）浪潮的一部分。工业互联网是指开放、全球化的网络，将人、数据和机器连接起来。工业互联网将全球工业系统与高级计算、分析、感应技术以及互联网连接融合，通过智能机器间的连接以及人机连接，结合软件和大数据分析，重构全球工业。

能够预测许多节点将移动，可能有间歇性连接，以及不连贯的操作和同步，并可能在不同时间使用不同的通信协议连接到物联网。物联网需要利用云计算技术、事件驱动机制，以及基于对等节点的非中心化自主架构。

6.3.2 勘探开发一体化

如果说，信息高速公路对于连接和共享油气勘探开发数据、技术和人力资源提供了基础结构，那么，建立数字油气田则是实现勘探开发一体化的重要途径，将促进勘探开发共享地球模型、共享工作空间，以及工作流程一体化。

6.3.2.1 共享地球模型

早在数字地球和智慧油气田概念提出之前，在计算机应用领域，就开始研究共享地球模型了。地球模型以数字形式表示的地下状况，可以根据地质、地球物理和测井数据分析，以及模型模拟获得。在勘探开发不同阶段，由于目的不同，可能建立不同地球模型。例如，地震数据处理中叠前深度偏移用的速度模型，地震解释产生的构造模型，油藏工程用的油藏模型等。但由于测量误差和数据的局限，这些模型，都存在很大的不确定性。数字油气田提供综合使用多学科数据，以直观、自然的方式与模型互动，从而提高模型的精确度，减少不确定性。图6-6表示油气勘探开发应用软件架构的演变——从传统独立的应用软件，到数字油气田以数据为中心应用集成，到智慧油气田以模型为中心应用集成。

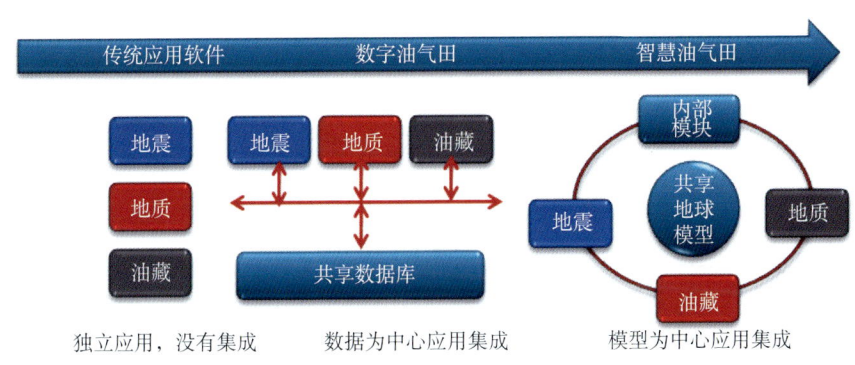

图6-6 勘探开发应用软件架构的演变

6.3.2.2 共享工作空间

共享工作空间把有关的各种数据汇集在一起，提供不同学科应用软件间通信、互操作、数据变化通知等机制。这并不是说所有数据都放在一个数据库中，而是建立一个数据目录，存放有关数据的引用信息和元数据。数据目录可以看为数据集成层，通过增加数据插件，加入数据元素，对其加以扩充。任何空间相关的特性（如振幅、相干性、孔隙度、流体含量），都可以映射到界面上，并可将任何形式的数据映射到适当的形式。如按照纹理映射方式把图像映射到井，使得看起来像岩性柱。界面表示的对象可以是解释的地震层位、深海测量数据，也可以是插值的重力数据。这样共享工作空间是某种虚拟研讨厅，不但实现人机互动，以人为主，而且可以支持不同学科人员间简洁、有效地交流，并可以实时执行计算，如把地震数据转换为声阻抗（在深度或时间域）。

6.3.2.3 工作流程的一体化

数字油气田技术支持勘探开发更大范围的一体化。以前，即使是地震处理和解释，其工作流程也是相互独立的。近年来，勘探阶段的地震处理、解释逐渐一体化，发展了统一的三维地震工作流程[4]，并可能形成统一的四维地震工作流程。四维地震结合到油藏模拟，具有革命性意义，可以改善油藏地质模型和油藏模拟模型，优化油气田生产。

当然，四维地震工作流程只是一体化油藏管理流程的一部分。一体化油藏管理涉及油藏描述（利用示踪剂、四维地震、岩石性质、测井等信息）、油藏模拟、生产/注入量、采油机理、地面设施等。数字油气田技术，支持油气田勘探开发工作流程更大范围一体化。

6.3.3 智慧操作、智慧预测和智慧决策

新油气田和处于任何开发阶段的现有油气田，都可采用智慧操作。所有"智慧操作技术"的基础是"测量—模型—控制"，即：测量系统的参数→实际与期望行为模型比较→派生自适应校正参数→实现控制。智慧E&P（勘探与生产）技术将随着以云计算、移动互联等为代表的创新技术应用而不断发展，包括：智能勘探与生产数据采集和集成、快速模拟、模型更新和优化控制。如果说，数字油气田1.0是以数据为中心的大型系统，智慧油气田则是以数据、模型和控制相融合为中心的巨型系统。智慧井是与智慧油气田紧密相关的技术。智慧井技术涉及井下测量以及控制井孔和油藏的流量。过去几年，由于钻井和完井技术的进步，允许钻复杂的多分支水平井和大位移井，安装井下流入控制阀和测量流量、压力、温度的设备，以及处理设施（诸如在井筒中的水力旋流器）。智慧油气田技术，

涉及应用闭环方式建立油藏和生产系统模型。测量数据可来自于智慧井中的传感器，也可来自常规井的简单的地面测量或时延地震等。

在智慧油气田的优化决策中，已经发展了许多新技术。一种称为"数据同化（Data Assimilation）"技术是运用所有可获得的数据，尽可能地确定油气田的状态。数据同化算法通过数学模型拟合多种不同来源的观测数据，通常用于复杂系统的建模和动态预报。一种称为"粒子群优化（Particle Swarm Optimization）"技术是将进化计算技术用于最优化计算，它是受到自然界中个体的社会行为所启发如鸟群、鱼群，已经被用于优化地球物理数据反演，也被用于布井优化[5]。通过以模型为基础优化决策，形成控制和管理的闭循环，实现提高采收率。前面提到的数据同化方法，可以用于油藏状态和属性概率描述，而粒子群算法可用于优化控制。

在智慧油气田中，传感器与光纤将温度、压力、流量、视频/音频等油气田各种信息传送到控制中心（数据中心），工程师可以持续监控生产，快速决策如何最佳抽取石油和解决诸如封堵之类的问题。他们可以以电子方式激活地下阀门来解决问题，或通过更好地对油流管理增加生产。国外有的石油公司将"蛇形井"横穿整个油藏，可以从多个油束（pocket）中采油，相当于钻了多口单井，既降低留存死油机会，又降低成本。

钻井和监控技术的进步，允许实时测量油气田状态。这些测量可以用于改进油气藏模型、油气藏描述和预测。油藏描述是指集成所有数据源（岩心、井筒、测井、三维地震、生产数据和四维地震）和模型方法（地质、地质统计、正向流模拟、反模型和不确定性定量分析），尽可能最佳描述油藏及其观测到的开发响应。油藏描述涉及许多学科，包括地质和地球物理、逆向模型、估计和最优化理论。油藏工程师利用数学模型表示和定量分析油藏中流动位移模式和生产状态。油藏模型处于生产规划和运作活动的中心角色。正向模型是预测油藏未来形态的重要工具，但是其有效性依赖于油藏特性和模型参数的精度。在实践上，只能够了解部分油藏特性，因此必须在对油藏特性了解很少的情况下进行模型标定过程。利用油藏生产历史产量和压力的观测数据，来估计模型参数（诸如渗透率和孔隙度），调整不确定的模型特性，称为"逆向模型"或参数估计。在油藏工程领域，这个过程称为历史拟合。

常规的油田生产，分三个阶段：(1)一次采油，由油藏天然压力将石油推向生产井，驱使石油经过采油井流到地面；(2)随着流体产出，油藏压力递减，在二次采油阶段水或气体被注入油藏，提供外部能量将石油从注水井推向采油井（水驱是最广泛使用的有效方法，可以大幅度提高采收率）；(3)在三次采油阶段，设法改变流体性质，可以通过注入二氧化碳或其他气体，或通过加热油藏方法，降低石油黏度。根据Gluyas等估计[6]，一次采油平均采收率5%~15%，二次采油采收率可增加到30%~50%，而三次采油可以再增加5%~15%。精细的油藏动态描述和优化油藏管理，对于提高采收率有重要意义。

通过地震特别是时间延迟地震技术，现在可以跟踪远离油井处的地下流体成分的变化。时间延迟或四维地震是在20世纪80年代晚期引入的，代表了油藏动态描述技术的进步。地震数据可以给出地下分层和岩石性质，这些信息可以用于油藏动态描述，更好地理解水和石油如何流过油藏。地震技术与油藏模拟技术结合，为优化油藏管理提供强大能力。油藏模拟是用数值模型模拟流体流过地下岩石的多孔介质。在石油工业超级计算机应用中，估计有一大半用于地震数据处理，另一小半用于油藏模拟。

事实上，在二次采油水驱过程中，设想水将石油"推向"生产井，沿途油藏压力和饱和度会发生变化，因而引起油藏岩石压缩性和密度变化。利用时间延迟地震数据，可能度量这些变化和标识发生变化的区域。时间延迟地震采集和处理技术的进步，可以定量解释流体和压力分布，建立与油藏模拟程序的直接连接。在油田生产一段时间后，收集了丰富的数据，例如，地震图像如何随时间的变化（四维地震），产量和储层压力如何随着时间的推移变化，以及生产的液体和气体的化学变化。然后可以使用这些数据更新或改善油藏模型，即历史过程拟合（图6-7）。在此过程中，油藏模拟程序给出一组模拟的流量数据。此外，实际油藏提供实际的测量数据。两者很可能有差异，这可以用于改善油藏模型。随后可以使用这一新的油藏模型提供更好的控制油井

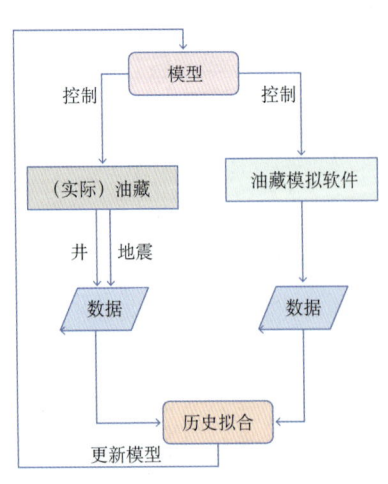

图6-7 基于模型的油藏控制示意图

产量或注水量策略。随着新数据产生，这一过程可以重复执行。

6.3.4 事件驱动服务

数字油气田和智慧油气田软件集成平台宜采用SOA体系结构。SOA（面向服务的架构）提供灵活、动态的IT平台，集成系统、应用软件和数据资源，成为高度灵活的服务组件。

SOA是一个组件模型，它将应用程序的不同功能单元——服务，通过定义良好的接口和协议联系起来。接口采用中立的方式定义，独立于具体实现服务的硬件平台、操作系统和编程语言，使得构建在这样的系统中的服务可以使用统一和标准的方式进行通信。这种具有中立接口的定义（没有强制绑定到特定的实现上）的特征被称为服务之间的松耦合。SOA是相互通讯的服务的集合。服务是独立的，不依赖其他服务的状态。通讯过程包括简单的数据传递，或多个服务协同工作。表6-1列出了SOA一些基本术语。

表6-1 SOA一些基本术语

术语	说明
服务	逻辑实体，由一个或多个已发布接口定义的契约
服务提供者	实现服务规范软件实体
服务使用者（或请求者）	调用服务提供者的软件实体。传统上，它称为"客户端"。服务使用者可以是终端用户应用程序或另一个服务
服务定位器	一种特殊类型的服务提供者，它作为一个注册中心，允许查找服务提供者接口和服务位置
服务代理	一种特殊类型的服务提供者，它可以将服务请求传送到一个或多个其他的服务提供者

应用软件编程历史的演变可以归结为：从利用机器语言编程言编程→利用汇编语言→利用过程程序设计语言→利用面向对象程序设计语言→SOA(面向服务架构)。表6-2是面向服务计算与面向对象计算的比较。

表6-2 面向对象计算与面向服务计算比较

特点	面向对象计算	面向服务计算
方法	应用开发基于识别紧耦合的对象类。应用架构以继承关系的层次为基础	应用开发基于识别松耦合的服务。从软件实现观点，服务的封装可以是过程步、子过程或过程
抽象与协作层次	通常由单一团队负责整个应用软件生命期。开发者必须具备应用领域知识和编程知识	应用开发通常由三个独立团队负责：应用建造者、服务提供者和服务代理。应用建造者需要理解应用逻辑，可以不知道独特的服务如何实现。服务提供者可以编程，但不必了解使用它们服务的应用

续表

特点	面向对象计算	面向服务计算
代码共享和复用	代码复用是通过类成员的继承和库函数。库函数必须在编译时候输入,并与平台有关	代码复用是通过服务级复用。服务有标准接口,发布在Internet仓库。它们与平台无关,可以搜索和远程访问。通过服务代理能够有条不紊共享服务
动态绑定(联编)和重配置	名字与运行时的方法关联。在使用应用软件前,方法必须连接到可执行代码	在运行时绑定(联编)服务请求。服务可以在应用开始使用后被发现。这个特点运行在运行时重组应用
系统维护	用户需要不断时更新软件。执行更新时候,应用必须停止	服务代码驻留在服务提供者计算机。服务更新不需要用户参与

在一般SOA（面向服务架构）应用环境中，服务通常是由事件激发的。SOA结合EDA（事件驱动架构），可形成一体化业务和数据流程链。事件驱动的SOA能够将每个端到端的业务流程，分拆为多个独立自主的组件和方案，通过事件协调将所有的解决方案联系起来。计算机和可以感知的设备(制动器，控制器)能够监测到对象状态的改变或者是环境的变化，让应用程序对变化的条件智能地做出反应，具备动态感知、协同工作和异步处理的能力。

事件驱动SOA——EDSOA架构可以称为新一代面向服务架构SOA2.0：

$$SOA\ 2.0 = 事件驱动SOA（即ED-SOA）$$

ED-SOA是将能够支持实时响应与处理的事件驱动机制引入到SOA中，从而为SOA带来了活力。在数据中心引进数据驱动决策，不仅是集成数据，而且包括在关键决策中如何使用数据。通过采用基于"数据和分析"的决策，避免主观决策。SOA基于把业务功能封装为"服务"的构建分布式计算系统的方法，可以以松耦合方式使用服务，采用同步双向通讯请求/响应模型：请求是请求系统做某些事情；响应表示请求已经得到处理。物理连接请求/响应产生的问题之一是若连接故障则执行终结。此外，"消费者"希望发出的请求后很快会收到响应，但是，只有单一的"提供者"接收请求意味着扩展性有限。异步单向通讯需要引入事件。事件表示过去发生了什么事情。每个事件独立于其他事件。事件耦合是由源（source）和汇（sink）处理。多个源可以发送相同事件，多个汇可以接收相同事件。这样具备高度可扩展性。事件驱动可以有不同应用模型，包括：简单事件、代理事件、企业服务总线ESB等。

6.3.5 发布订阅服务

在一个事件驱动架构中，你的业务内外值得注意的事件立即被传送给所有关注者。关注者评估事件后采取动作。事件驱动活动，可能包括请求服务，激发业务进程，以及进一步信息发布。

发布（Publish）订阅（Subscribe）是一种消息模式（图6-8）。发布订阅模式又称为观察者模式，定义对象间的一种一对多的依赖关系，一个生产者（发布者）可以对应多个使用者（订阅者），当生产者（发布者）发生变化的时候，他可以将消息一一通知给所有的使用者（订阅者）当一个对象的状态发生改变时，所有依赖于它的对象都得到通知并被自动更新。

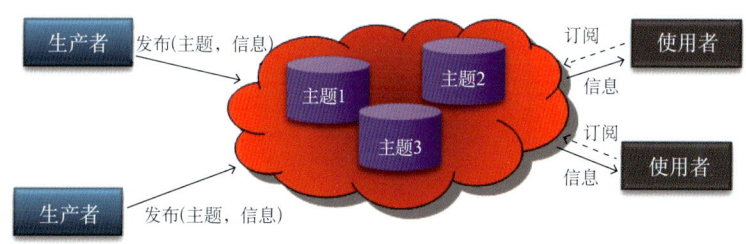

图6-8 发布订阅示意图

6.4 智慧云数据中心

6.4.1 传统数据中心问题

在各种数字油气田架构设计中，其核心均是数据中心。目前数据中心普遍存在两方面的挑战：(1)全面提升数据中心效能；(2)全面应用于勘探与生产工作流程。下面我们将集中讨论智慧油气田的核心——智慧云数据中心如何应对这两方面的挑战。

传统数据中心庞大的应用体系一般采用简单的"客户—服务器"模型，采用异构技术和多种操作系统平台，静态部署的多种软件组合点对点集成，各自独立的应用数据，形成所谓"烟筒式结构"（图6-9）。被动式响应管理需要支撑每个应用高峰时容量，其结果是数据中心利用率低（根据2012年5月IBM与IDC合作完成的《全球高效数据中心最佳实践》调研报告，全球近80%的数据中心没有实现高效运行）。

为了应对传统数据中心存在的问题，需要：(1) 提升设施利用率——改变传统数据中心的静态部署，点对点单独应用，改变传统数据中心的烟筒式条条结构和被动式响应。(2) 提高系统性能——应对TB、PB乃至ZB级的"大数据"采集、传输、管理、处理和分析的挑战。(3) 提高系统可用性——保证业务不中断,以数据为中心,水平扩展。

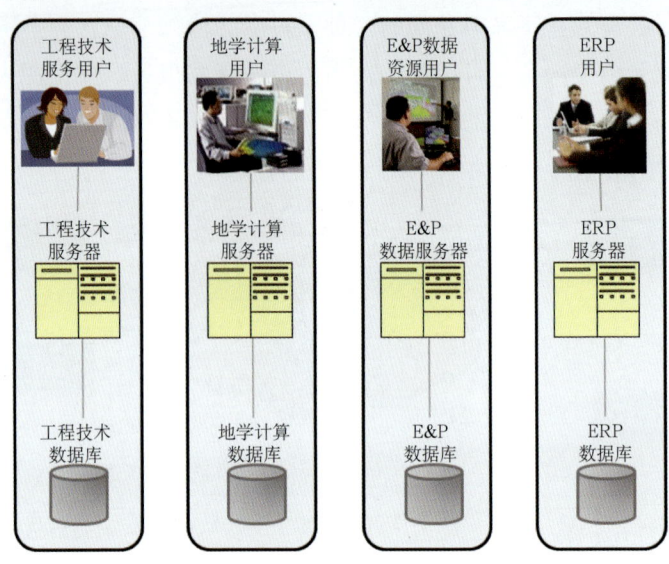

图6-9　传统数据中心示意图

6.4.2　从传统数据中心到智慧云数据中心

传统数据中心是由简单的客户—服务器模型发展而来的。在简单的客户—服务器模型中,许多客户由一个服务器提供服务,当客户数突然增加时,服务器不能够很好扩展(如服务器出错)。为了解决此问题,于是从单一服务器发展到服务器群(Server farm)或数据中心,数据中心的应用服务还促使从"传统" Web到"Web 服务",并从Web服务催生了SOA(面向服务架构)。

云计算始于数据中心。当人们梦想将任何多余的计算能力作为虚拟资源销售给任何其他人时,即需要云计算模型。今天全分布式云模型实际上允许中心"工厂"模型:资源由一个中心"工厂"——巨大数据中心——提供并分布给Internet上的消费者。在某种意义上,大型数据中心使得云计算成为现实。

也有人将云计算数据中心称之为"联邦式"云数据中心(图6-10),其显著特征是可根据应用要求进行资源分配(如网络、服务器、存储、应用程序和服务),同时,以最小的管理开销和最少的与供应商交互,迅速提供或释放资源。

图6-10 云数据中心示意图

6.4.3 云数据中心的基本特征

自从艾里克·斯密特在2006年提出并使用"云计算"概念后，2009年1月卡耐基梅隆大学就曾经与IBM合作创建面向石油勘探的云计算平台，支持地震建模与石油天然气勘探和面向石油天然气行业的生产经营一体化解决方案。2010年1月，在Microsoft的全球能源论坛上，iStore 推出了数字油气田在线的云，基于云计算的PetroTrek软件。

云计算是一种基于互联网通过虚拟化方式共享资源的计算模式，通过互联网上异构、自治的服务为个人和企业用户提供按需即取的计算——存储和计算资源按需动态部署、动态优化和动态收回。云计算是并行计算(Parallel Computing)、分布式计算(Distributed Computing)和网格计算(Grid Computing)的发展，或者说是这些计算机技术的商业实现。"云计算"可以动态管理石油工业庞大的计算机资源，提供其超强的运算能力，远程的用户无须知道资料存储在哪里，也无须知道计算在哪里进行。

云计算现在是非常热门的课题，有大量文章发表。这里仅简述云计算主流观点——NIST云定义框架[7]。云计算模型由五个基本特征（按需自服务、宽网络存取、共享资源池、位置无关、可度量服务）、三个服务模型（软件即服务SaaS——将提供者的应用软件放在网络上提供应用服务；平台即服务PaaS——将客户建立的应用软件配置在云上；基础结构即服务IaaS——租用处理器、存储、网络能力和其他基本计算资源❶）和四个部署模型（私有Private云——企业拥有或租用；社区Community云——特殊社区共享基础结构；公共Public云——提供给公众的大规模基础结构；混合Hybrid云——由两种或多种云组成）组成。

云计算通常具有的优势：海量扩展、虚拟化、弹性计算、低成本、均衡性、分布式、面向服务、安全。但是，一个大型云数据中心具有数千服务器，也存在一系列挑战：如何编写应用（服务）？如何分配和管理资源？在实践中如何保证性能、可靠性、可用性？规模和复杂性还带来其他挑战：数千机器容易产生故障是常事，还要应对负荷平衡和"异构性"。

从传统模式到云计算，特别是在云数据中心技术需求中，存在以下两种云分布式数据库的选择问题：(1)基于KEY/VALUE非关系型并行数据库（如GOOGLE BIGTABLE，HADOOP HBASE）；(2)关系型数据库/数据仓库分布式解决方案（如ORACLE、SYBASE、HADOOP CLOUDBASE）。前者缺乏商业产品，后者产品成熟，但性能可扩展性有待加强。

在物探领域，Landmark推出了名为vSpace的云服务，企业可以在数据中心实现对数据和各种勘探开发软件的集中管理，同时允许用户通过台式机、笔记本甚至平板电脑、智能手机在任何时间、任何地点访问和使用这些软件，使得异地或全球协同真正成为可能。可以肯定，云计算模式在接下来的时间里将得到快速的应用和发展。

云计算"虚拟化"和"分布式处理"给地震用户带来的好处有：

(1)提高了数据处理能力。

(2)便利用户使用，用户不需要担心软件升级、设备更新等变化，越来越多与云相连接的"云设备"（电脑、手机以外）可供使用。

(3)降低企业计算设施成本。

当然，构建云平台，需要注意规避风险，特别是提高安全性，加强云平台的维护和治理。对于地震数据处理用户而言，云计算是优化硬件和软件使用的极好方式，但又不愿意把他们的数据放在企业外面托管。为了利用云计算架构的好

---

❶ 从用户观点，IaaS为用户供虚拟机、存储（硬盘）、服务器、网络、负载平衡等；PaaS在IaaS基础上为用户提供运行库、数据库、Web服务器等；SaaS在IaaS基础上为用户提供应用软件。

处,又继续控制他们的系统和数据,宜采用"私有云"。"私有云"是虚拟化的平台,除了资源处理和提供的位置不同外,其他与一般云计算平台相同。

6.4.4 智慧云数据中心

6.4.4.1 大数据平台

智慧云数据中心应提供大数据基础架构平台,在这个平台上运行大数据应用。众所周知,大数据(Big data)具有"四V"特征:volume——体量巨大,聚合在一起供分析的数据量非常庞大;variety——类型多样,包含结构化的和非结构化的数据;velocity——要求处理速度必须很快;value——价值密度较低,需要通过强大的计算机算法从海量数据中提炼数据的价值。油气勘探开发产生大量非结构化和半结构化数据,其数据量的规模激增(以地震记录道数目为例,从1970年以来,每3~5年翻番),类型多样性不断增加,对于数据处理速度的要求也不断提高。大数据时代已经来临。大数据对于改善油气勘探开发有重要价值。例如,有效利用大数据,可以通过实时数据处理和解释,优化勘探开发工作流程。又如,基于高密度地震数据和井的信息,可以优化油藏评价和油藏管理。

Apache Hadoop是被广泛认可的开放源码分布式并行计算平台解决方案,它受到Google的MapReduce和GFS(Google File System)的启发,主要由MapReduce(分布式处理大规模海量数据的软件框架)和HDFS(分布式的文件系统)两部分组成。HDFS可以执行的操作有创建、删除、移动或重命名文件等,架构类似于传统的分级文件系统。为了抽象Hadoop编程模型的一些复杂性,已经出现了多个在Hadoop之上运行的应用开发工具,其中包括Pig(基于Hadoop核心的高级数据流编程语言和并行计算执行框架)和Hive(基于Hadoop的数据仓库基础设施,提供数据摘要、查询和数据集分布)。

MapReduce功能能够处理极大的数据集。MapReduce主要包含映射和规约两个概念,分别完成映射操作和规约操作。MapReduce 提供自动并行化和输入输出调度,把数据集的大规模操作分配到网络互联的若干节点上进行。MapReduce 提供容错、监控和状态更新能力,每个节点都会向主节点发送心跳信息,周期性地把执行进度和状态报告回来。假如某个节点的心跳信息停止发送,或者超过预定时隙,主节点标记该节点为死亡状态,并把先前分配到它的数据发送到其他节点。MapReduce 技术的优势在于对映射和规约操作的合理抽象,使得程序员在编写大规模分布式并行应用程序时，几乎不用考虑计算节点集群的可靠性和扩展性等问题，把精力集中在应用程序本身。

MapReduce是对<key, value>对（<键字，值>）运算，作业输入<key, value>对，作业输出也是<key, value>对。最简单的MapReduce应用程序至少包含3个部分：一个Map函数、一个Reduce函数和一个main函数。main函数将作业控制和文件输入/输出结合起来。在这点上，Hadoop提供了大量的接口和抽象类，从而为Hadoop应用程序开发人员提供许多工具，可用于调试和性能度量等。MapReduce工作流程见图6-11。该流程利用Master-Worker（主—从）编程模型，由Master分配执行Map函数的Worker节点和执行Reduce函数的Worker节点。在输入文件阶段读入<key, value>对记录格式数据；在Map阶段处理<key, value>对，提取某些信息，形成中间结果<key, value>对；混排将相同Key中间结果汇集在相同节点上；在Reduce阶段归并某一key所有value，进行计算和输出计算结果。

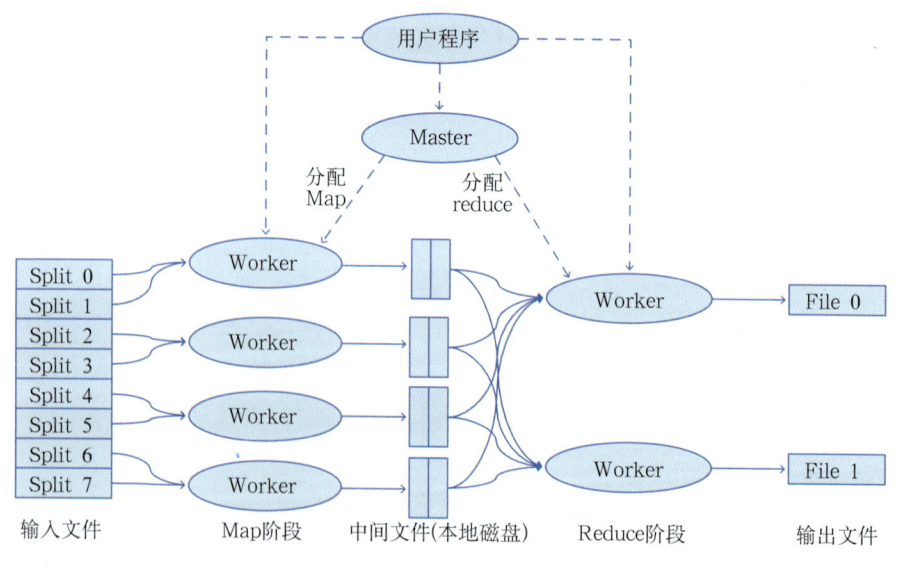

图6-11　MapReduce工作流程示意图

在智慧云数据中心建设中，常规的RDMS（关系型数据库管理系统）面临有效地获取、存储和操作海量数据集的挑战，需要采用面向数字油气田/智慧油气田的大数据平台解决方案。Pramod Taneja等将大数据平台的功能归纳如下几个方面（图6-12）[8]：(1)从勘探开发不同阶段获取井和地震数据（油藏的每口井产生大约10TB数据，一个油藏有许多井）。(2)将海量数据存储到Hadoop基础设施。(3)通过数据处理转换非结构化数据为结构化格式，执行数据清理，按照统一的Hive格式存储。(4)遵从石油公共数据模型（如PPDM）和数据标准（如Enerstics），容易集成到数字油田/智慧油田应用平台。(5)由有关人员检查数据质量。(6)基于地震、测井各种参数分析处理，推断岩性和钻井方案，提供接口用于第三方数据解释。(7)与BI（商业智能）服务和EAI（企业应用集成）服务集成。

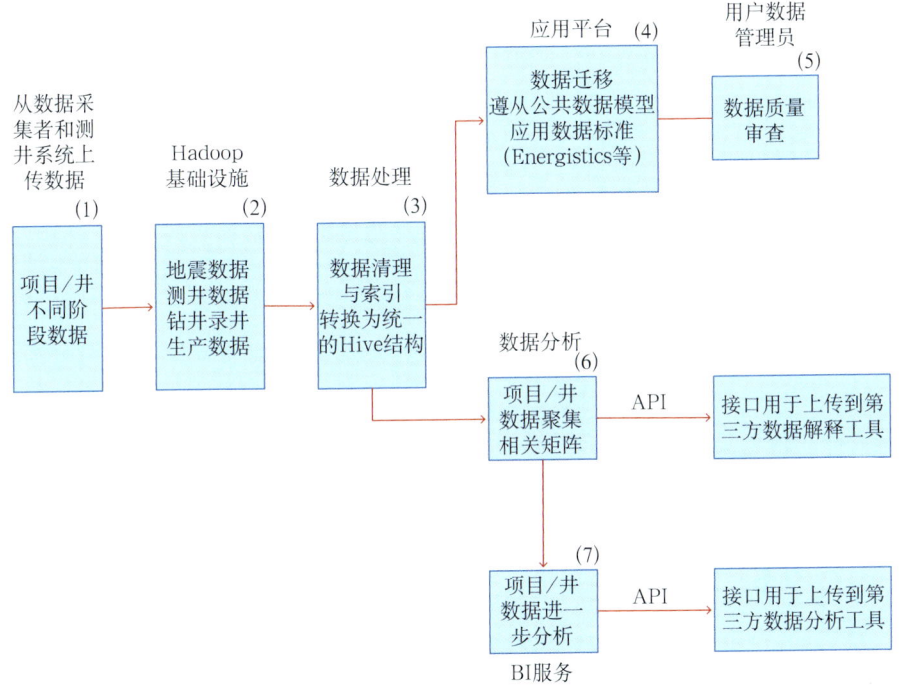

图6-12 数字油田/智慧油田大数据平台功能示意图

Pramod Taneja等还将在大数据平台中数据处理的过程分为五个阶段：(1)数据获取阶段（从勘探开发工作流程的不同阶段获取数据，例如，利用Apache Flume获取LAS(逻辑ASC II标准测井文件)和地震数据文件，以及利用Sqoop从RDMS关系型数据库获取生产数据）；(2)数据存储和整理阶段（海量数据存储在Hadoop分布式文件系统，数据整理作业可以将非结构化数据转换为结构化格式，作为统一的Hive结构存储）；(3)数据聚集阶段（这是最重要的阶段，从Hive/Hbase或其他非关系型的数据库聚集数据，这样可对聚集体进行分析）；(4)数据分析阶段（通过模式识别和综合分析，可以从测井和地震数据中基于各种参数推测岩性。数据分析也可以在Hadoop外部其他系统执行）；(5)数据可视化阶段（分析阶段的输出可以集成到数据仓库/商业智能，进行可视化和解释）。

6.4.4.2 远程可视化

智慧云数据中心具备远程可视化能力[9]。可视化曾经是与数据中心环境分离的，可视化系统处于最终用户端。今天，油气勘探与生产工作流变得更加一体化，因而传统模型的弱点显现了出来。例如，地震处理和解释不再是分开的步骤——它们循环执行。与此同时，GPU成为加速计算核心的重要手段，可视化和计算平台结合较过去更紧密。通过组合的可视化应用程序和高性能计算（HPC）应用程序，允许计算资源在所有时间被充分利用，并可以避免分散的可视化带来的很大的数据带宽等问题。

远程可视化应该是E&P云计算的重要方向[10]（图6-13）。远程交互三维可视化技术将在许多方面改善油气勘探开发可视化：(1)可视化可以在任何时候、任何地点使用——高端GPU集群资源集中在数据中心，只要需要就能够利用远程可视化，不管用户是在数据中心附近、在远处、还是在野外。(2)改善协同工作——在不同位置的协作者，可以显示、操作相同的图像，避免误解、困惑，并可节约时间。(3)实现跨组织机构的工作流——在数据集不能够合法离开国界情况时，没有远程可视化，则无法进行跨国界协同工作和分析。(4)克服数据集规模和数据密度产生的问题——数据保存在数据中心，不需要耗时的拷贝。

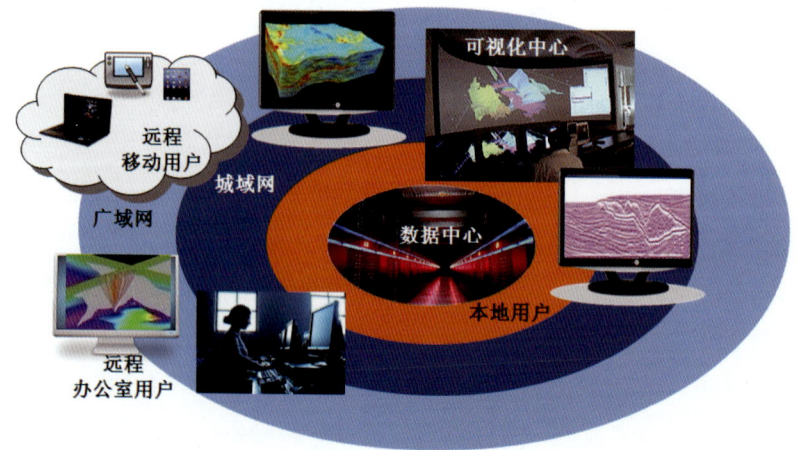

图6-13 远程可视化示意图

6.4.4.3 自主计算

智慧云数据中心具备自主计算能力。数据中心架构的一般模型包括四要素：数据源、数据加载、数据处理或集成、数据消费。除了上述四要素，现代数据架构还有一个成分：监控（Monitoring），这个成分是用于发现系统故障或性能瓶颈，并可望增强各个要素的"自主计算"能力。

云计算环境中作业管理、资源管理、用户管理和安全管理是关键。一些技术公司发展了整体调度，可以调度系统中不同类型作业，利用不同调度策略管理资源数据，提高资源利用率。同时，数据系统各个部分，如，数据加载、数据管理、数据发布/订阅(Pub/Sub)、数据服务等子系统，应该具备"自主计算"能力。自主计算（Autonomic Computing）这一研究领域是由IBM公司于2001年发起，旨在参照自主神经系统的自我调节机制，使得信息系统实现自配置、自保护、自恢复和自优化。

IBM提出的自主计算有四个主要特性：(1)自配置（self-Configuration）指系统能够根据高层策略自动配置自己，以适应环境的变化；(2)自修复（self-Healing）指当软/硬件发生故障或异常时，系统能够自动地发现、诊断和修复故障；(3)自保护（self-Protecting）指当系统遇到恶意攻击或者由于自修复措施无效而发生连串失败时，能够从整体上保护自己，同时，它也可以根据来自传感器的相关报告预测问题，并采取措施加以预防；(4)自优化（self-Optimizing）指系统能够不断寻找方法来改善性能、降低消耗。总之，自主计算系统是一种可指导的、状态觉察的、整体自适应的计算机系统。自主神经系统能够察觉身体内外的状态（状态察觉性），自主地调动体内各器官和谐工作（自主性），以适应环境变化（体内平衡）。现有的理论和技术包括面向服务的计算、自适应控制理论、优化理论、基于策略的管理、多主体技术等。

自主计算可依具体应用背景进行适当的细化和延伸，但问题的关键是如何通过运用各种必要特性，使得系统在整体上实现自适应。例如，2009年国外有人提出了一种名为"自主地震处理"处理地震数据的方法，对不同参数输出数据集，按照规则进行分级，选择最高等级的输出数据集。总之，自主计算系统是一种可指导的、状态觉察的、整体自适应的计算机系统，可依据具体应用背景进行适当的细化和延伸，但问题的关键是如何通过运用各种必要特性，使得系统在整体上实现自适应。总之，自主计算系统是一种可指导的、状态觉察的、整体自适应的计算机系统，是下一代数据中心以及下一代物探软件系统的发展方向之一。

6.4.4.4 主数据管理

主数据（Master Data）是跨企业计算机系统共享的数据。主数据是跨企业应用软件共享的核心业务对象数据。主数据是值得管理的数据，也有人称之为"Shared Asset"（意即"共享的有价值的东西"）。油气勘探开发应用领域主数据的例子有：盆地、油藏、井、项目、工区等。

构建和维护主数据所需要的技术、工具和过程称为主数据管理(MDM)。主数据管理的基本目的是：(1)支持实现企业应用集成（图6-14）。没有共享的主数据，数据在各个系统冗余，容易造成数据访问繁琐、编码不统一、数据不同步、缺乏一致性。主数据管理系统则可将企业核心信息同步推送到各个应用系统，确保关键信息的一致。统一的主数据访问平台，能够提供一致的、完整的共享信息。(2)支持实现SOA体系结构。没有共享的主数据，所有的数据被锁定在每一个应用系统和流程中。主数据管理系统则可将核心数据从应用系统中被释放出来，并且被处理成为一组可重用的服务，被各个应用系统调用。

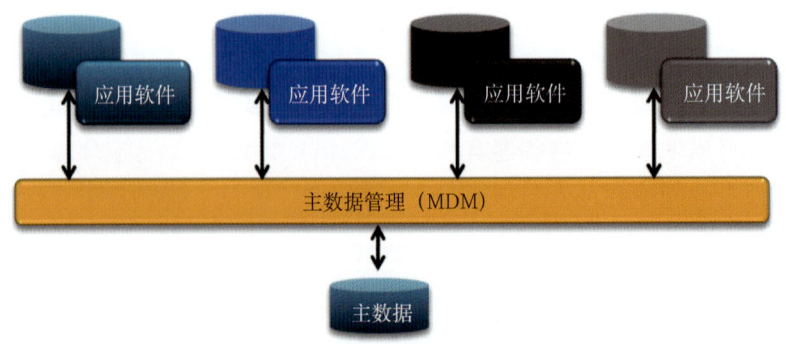

图6-14 主数据支持企业应用集成

主数据管理功能模块一般包括：主数据资源库（Master Repositories）、主数据管理器、服务总线（提供数据服务）、主数据访问控制，以及数据采集与数据录入控制等。

主数据管理包括主数据构建和主数据维护两个方面，不仅是技术问题，在许多情况下涉及到业务过程的变化。主数据管理的实施过程可以划分如下阶段：(1)识别主数据源；(2)识别主数据产生者和使用者；(3)收集和分析主数据的元数据；(4)任命主数据管理员；(5)落实数据管理安排和机构；(6)开发主数据模型；(7)建立成套工具集；(8)设计基础架构；(9)产生与测试主数据；(10)修改产生和应用系统；(11)实施维护过程。

6.5 知识集成

6.5.1 知识管理

智慧油气田是一个复杂的"巨系统"。处理这样的巨系统的方法论，应该如同钱学森先生提出的"集信息和知识大成"的"大成智慧学"。知识可以分为：事实知识、原理知识、技能知识和人才知识。我们前面提到的数据银行，提供了存储部分"事实知识"的基础，并且相对容易学习和掌握。应用软件则可以作为部分"原理知识"和部分"技能知识"的容器或者传送带，通过一定培训，技术型用户就可掌握和用于实际项目中。但是，"人才知识"和部分"技能知识"、"原理知识"、"事实知识"，是在知识工作者头脑中的，知识工作者分布世界各地，工业界经验和新技术难以被其他知识工作者所利用。职员头脑中的知识，以往只是通过课程、学习班或出版物传播，而承包商、咨询公司具备的知识，是实践、试验和历史经验的逐渐积累的结晶。

在许多国际石油公司里，目前的技术发展重点在知识管理、集成和优化决策上。知识集成可以有以下两种途径：(1)综合集成方式，也就是钱学森先生说过的"研讨厅"："以人为主、人机结合，从定性到定量的综合集成法，并在工程上逐渐形成综合集成研讨厅体系"。智慧油气田综合集成是油气田的数字化、网络化和智能化的表示，综合了各种信息和知识。(2)知识中枢方式，把可浏览、描述的每个功能任务(如"处理地震数据")的"知识组件"(基准、最佳实践、史例、体验、回顾、备忘录、做法、步骤、技巧、方案、任务、用途等)连接为"知识图"，并基于知识图进行编目、索引，再连接到知识模板(每个功能任务的单一可扩展层次结构)的过程，称为"知识中枢"。建立知识中枢，把企业中所有的信息资源定义成为"知识片断"，可以将任何"知识片断"组合成为"表"，使企业的信息管理置于完整的知识管理的概念下。

综合集成应该注重建立知识发现和辅助决策工具。典型的从主题数据仓库中发现知识的工具是"知识挖掘(Data Mining)"工具、软计算(Soft Computing)和计算智能(Computing Intelligence)。在油气勘探生产的计算机应用中，很重要的工作是如何把三维地震属性与生产、岩性、地质及测井信息之间建立关系。由于地震和测井信息的复杂性，通常很难利用传统数学工具和常规统计技术进行分析。现代软计算技术可望有助于完成这类复杂的工作，并有助于实现"以人为主、人机结合"。神经网络计算、遗传计算、模糊逻辑和概率推理，都属于所谓软计算。软计算有以下特性：(1)使用人类专门知识，以模糊的"如果—则"的模式解决某些问题；(2)大量利用神经元网络处理模式识别和分类等方面问题；(3)采用遗传算法、模拟退火和随机搜索等新颖的最优化方法；(4)主要依靠数值计算，而不是符号推理；(5)具有很好的容错性。

石油行业作为知识密集型行业，还应该发展知识管理和知识集成。有两类知识：一是外显知识，二是内隐知识。外显知识包括正式或编制的法典，存在于文档（报告、手册、白皮书、标准过程等），数据库，书籍、杂志、刊物（图书馆）。内隐知识是非正式，未编码，包括各种评价、观点，存在头脑中知识，职员、供应商、卖方记忆。

由于知识没有被作为资产管理，存在人们头脑中，人员脱离或遗忘、团队重组，容易丢失。即使保持在个人文件中，也容易文件丢失。

通过系统的知识管理，无论何时何地只要需要，就能够利用机构内外集体的知识、经验和能力，获取团队的经验，以便将来使用，可以保存企业智慧，不因人员流动损失，积累经验，避免失败，建立竞争策略。在一个机构中雇员共享业务关键知识的过程，以便增加公司效益和减少公司问题。所以一些油气公司开始采用循序渐进方式建立资料中心及数据库达到知识管理。ERP、CRM、数据仓库等系统是达到知识管理手段。

6.5.2　知识管理系统

知识管理系统把散布在职工头脑中的无形的知识和经验集中起来，达到书面化、文字化、系统化、规范化。产业知识化指产业发展采用知识、创意和信息技术等创新活动提升产业的附加值及竞争力。知识价值化指如何将知识转化为可获利的产品/服务，形成可持续发展的产业❶。

知识库存储有价值的知识、规范和手册等内容。通过知识树形式组织知识。知识管理业务流程：(1)知识的提交——用户提交知识，需经过知识管理员的审查（如知识库中是否已经存在该知识）、专家审批（如该知识是否有价值），然后由知识管理员发布。(2)知识的查询——用户可以查询和搜索知识（搜索标题、关键字和内容，结果可分类以便进一步搜索）。在查询时，知识属性非常重要（如井号、层位），通过联合查询，容易找到有用信息。(3)知识维护和论坛——知识有多维度，知识管理员动态管理知识维度（增加或删除）。可以将案例中有价值实例整理提交知识库；项目归档后有价值内容整理提交知识库；规范手册提交知识库。(4)激励知识提交人。

知识管理系统的实现，可采用数据XML表示法和知识发现工具。使用XML作为基础的数据表示方法，可以具备良好的扩张性和兼容性，能够方便地与外部系统相整合。表6-3列举了有助于实现知识管理的主要IT工具。

表 6-3　知识管理与 IT 工具

知识系统功能	相关的IT工具例子
知识搜索及过滤	浏览器和搜索引擎
知识储存	知识库、模式库和数据仓库（面向主题多维信息）
知识分配与共享	Intranet、Extranet、群组软件、视频会议和远程教学
知识获取与编码	专家系统（帮助获取专家个人的知识）和神经网络（系统通过学习获取知识）
知识发现和创造	数据挖掘、软计算、企业仿真和OLAP（联机分析处理）
知识运用	决策支持系统（DSS）、专家系统（ES）和商业智能（BI）

6.5.3　物探知识管理系统

石油工业界早在20世纪90年代初就开始探索基于知识的系统[11]，如同医学领域，影响最大的是所谓专家系统（软件程序把人类的经验和智慧编码在这个系统中），但至今为止很少实用。其原因有两方面：一是油气勘探开发必须利用许多学科数据，二是勘探开发过程的规则往往需要某种主观性推断，包括模式识别和

---

❶ 根据Microsoft在2000年调查，知识管理系统的障碍主要在组织内部的抗拒（48%），其他还有：技术不成熟（19%），知识管理产业不成熟（16%），成本（12%），未感受需求（5%）等因素。

常识，而与人脑相比，这些是计算机难以完成。因此，将有关地质、地震和井的数据知识形式化，以及将基于知识的方法用于自动解释和自动建立地下模型，有诸多困难，各种解释自动化软件（如断层解释自动化）尚不成熟。但是，已经出现基于Internet的知识搜索、交流和管理工具。例如，BGP在GeoEast系统推广应用中，利用了QQ群工具。CGG建立了知识库储存有价值的知识和文档，提供Hampson-Russell知识库搜索工具。传统知识库是以知识树形式组织，现在多采用功能强大的搜索引擎工具，可以利用标题、作者、关键字和知识内容进行全文搜索（例如，"AVO"、"叠前反演"等），并能够显示搜索结果分类列表，以便用户浏览、选择和进一步搜索。

物探知识管理系统，能够把物探工作者与信息、专家、团体、集体经验和知识连接起来，实现新技术和新软件的快速应用。物探数据处理与油藏地震服务人员可直接使用知识库中存有的过程、最佳实践、技术数据库和其他文档。这些信息在所有技术人员间共享，在一个地方发现的解决方案可以由另外地方使用，无论是处理中心，还是地震船、丛林或沙漠中野外队。如果发现信息不能够解决问题，可提出寻求工程师帮助。直接联系技术中心和专家有助于快速解决问题和响应查询。物探知识管理系统涉及多个子系统，通过知识管理门户链接如图6-15所示。

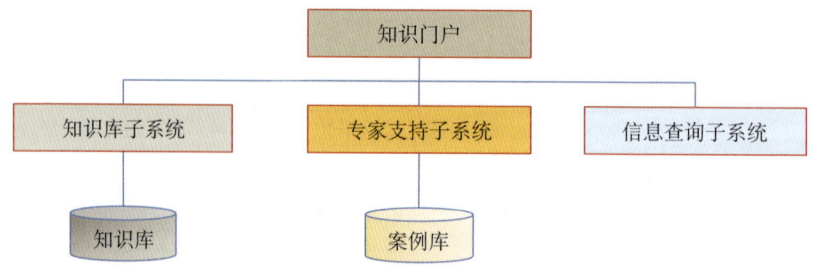

图6-15 物探知识管理系统示意图

物探知识库主要来源三方面：(1)项目归档后把有价值内容整理为知识，提交知识库；(2)专家提供的解决问题的方案案例，有价值的整理为知识，提交知识库；(3)FAQ、指南、软件手册、规范等。知识管理包含了知识的提交、知识查询、维护知识库和论坛以及奖励知识提交者。专业人员可以提交、查询和搜索知识，知识管理员可以更新、修改知识。

专家支持子系统包含案例库，存储物探数据采集、处理和解释中遇到的各种问题及其解决方案。用户在遇到问题时候，可以查询案例库和知识库，如果不能解决问题，可以利用专家支持子系统，查询有关专家，请求技术支持（专家也可以请求其他专家支持）。

物探数据查询子系统，是综合查询系统，可以查询相关系统提供的信息，例如，物探数据银行或有关项目数据库中的信息。

6.6 小结

直到20世纪末，地震数据一般只用于储层构造解释，在作出构造图后，地震数据即被束之高阁。传统的油藏管理，只由相互独立的地质、油藏、钻井、完井、生产、设备等部门组成流水作业，并不利用地震数据。随着数字油气田、智能油气田和智慧油气田技术的发展，地震数据将被应用于勘探开发所有阶段，包括油藏描述和油藏管理。

数字油气田是信息管理与服务实现高度计算机化的油气田。充分应用智能技术的数字油气田中，也有人称为智能油气田。智能技术也是信息技术，只是更多的强调应用软、硬件资源，强调自动处理和控制系统。数字油气田和智能油气田可以看作智慧油气田的基础和重要组成部分。而智慧油气田可以看作数字油气田和智能油气田的发展。智慧油气田是宏观概念，强调油气田勘探与生产过程实现高度信息化、知识化和高效益。

从20世纪末开始，国内外主要油气公司开始提出并发展了数字油气田的概念和技术。在各种数字油气田架构设计中，其核心是数据中心。下一代的数字油气田是智慧油气田。智慧油气田的智慧操作技术的基础是"测量—模型—控制"。模型是优化决策的基础。智慧油气田支持油藏的实时监测、海量数据收集和远程控制操作，形成控制和管理的闭循环。下一代数据中心是智慧云数据中心。发展智慧云数据中心应该注重发展大数据平台、远程可视化、自主计算和主数据管理技术。

智慧油气田建设将为油气工业带来巨大价值：(1)改进油气藏状态监测和数据采集；(2)改进地下、地面和企业数据集成和管理；(3)改进关键性事件管理和快速响应；(4)改进油气勘探与生产状态分析和预测；(5)全面优化油气勘探与生产工作流程。

正如智慧城市需要顶层设计，智慧油气田也需要顶层设计。智慧油气田顶层设计不同于智慧城市。智慧城市本质是社会系统工程，智慧油气田本质是企业系统工程。智慧油气田顶层设计，需要涵盖企业架构框架，包括：业务架构、技术架构、数据架构和应用架构。

计算机前沿技术在快速发展中。其中有些在本书中提到过，如三维地理信息系统、数据可视化、大数据分析、扩展现实（AR）、物联网、云计算与云数据中心的基础架构等。还有一些则是在本书未曾提到的技术，如操作智能（Operational Intelligence，又译运营智能）、IT-OT（信息技术-操作技术）融合、移动支付、传感器网络、智慧移动、安全和操作风险管理、社交媒体、云工作流引擎和云信息服务等。这些初露端倪的技术的进一步发展，均可能对智慧油气田技术的发展产生深刻影响，并可能引发石油物探技术变革。

参考文献

[1] 王宏琳. 石油勘探开发信息化——从数据处理到数字油藏. 北京：石油工业出版社. 2001
[2] 程大章等. 智慧城市顶层设计导论. 北京：科学出版社，2012
[3] 许增魁，马涛等. 数字油田技术发展探讨. 中国信息界，2012，(9)：28~32
[4] Yilmaz Oz et al. A Unified Seismic Workflow. SEG/San Antonio, Expended Abstracts, 2001
[5] Jerome Onwunalu, Louis J Durlofsky. Application of a particle swarm optimization algorithm for determining optimum well location and type. comput Geosci, 2010, 14：183~198
[6] Gluyas J and Swarbrick R. Petroleum Geoscience. Oxford, UK, Blackwell Science, 2005
[7] Peter J Mell, Timothy Grance. The NIST Definition of Cloud Computing. NIST Special Publication, 2011, 145~800
[8] Pramod Taneja, Prashant Wate. Big data enabled digital oil field. CSI Communications, 2013. 18~20.
[9] 马涛，王宏琳，许增魁，王娟，严又生. 智慧油气田与智慧云数据中心. 信息技术.2014，(1)：94~98
[10] Paradigm, netApp, nVidia, sisco, NICE. Next-generation data center architecture for advanced compute and visualization in upstream oil and gas. White Paper, 2012
[11] Fred Aminzadeh, Marvan Simaan. Expert Systems in Exploration. Geophysical Development, 1991, 1~244